薬いらずで

愛犬の病気は治る

間違いだらけのワンちゃんの健康常識

食べ物だけで病気を治す獣医師
宿南章

WAVE出版

はじめに

あなたが愛情深い飼い主さんであることは、間違いないと思います。それは、愛犬のために今、この本を手に取られていることからもわかります。しかし、あなたのそのあふれる愛情が、もし大事な愛犬を傷つけている可能性があるとしたら、どうお感じになるでしょうか。

病気の原因はさまざまですが、飼い主の努力や工夫により、健康を保ち、病気になりにくい体をつくることはできます。しかし、その「努力や工夫」が間違っていたら、あなたの愛犬はどうなるでしょうか。

この本では一般には語られることがない、「飼い主の立場で考えた愛情の押しつけや思い込み」が、愛犬の病気の原因となっている問題を、本音で綴《つづ》ります。

今、多くの犬が、栄養不足や慢性疾患に苦しんでいます。それは、決して飼い主の犬への愛情が不足しているからではありません。より犬の健康を気づかい、時間と努力を惜しまないオーナーのワンちゃんが、そのような状態におかれているのです。

犬は植物のように、自分で栄養をつくり出すことはできません。飼い主が選ぶフードで、命を維持します。つまり皆さんが、毎日与えている食事や生活習慣が、犬の健康に直接的に関わっているのです。


ところが、その食事、ドッグフードや手作り食が、「人間の視点」でつくられているために、犬たちはさまざまな問題に悩まされています。老犬になったからヘルシーフードに、私と同じオーガニックに……、という話は事欠きません。

例えば、タマネギが犬に悪いということは、皆さんご存じだと思います。犬がタマネギを食べると、「ハインツ小体性溶血」という貧血を起こします。もちろん、人間にはそのようなことはありません。**もともと肉食の犬と、雑食のヒトの代謝はまるで違います。何が栄養となり、何が毒になるのかはまったく違うのです。**

もともと肉食の犬には、植物の毒を感知する「味蕾《みらい》」がほとんどありません。牛の３万個、人の１万個ほどの味蕾に比べ、犬は２０００個ほど。そのため、自分の体に悪い食べ物であっても、犬は口にしてしまいます。

犬は健気な動物ですから、飼い主がくれるものであれば、喜んで食べます。それが自分の体に悪いとしても、そうとは気付かず、また飼い主の笑顔見たさに、うれしそうに食べるのです。このことがまた、「うちの子は、私が用意した食事を喜んで食べてくれる」という飼い主の誤解を生んでしまいます。

自分たち人間にとっての健康や栄養の知識をもって犬に接すると、それは残念な結果につながってしまいます。**「犬と人間は違う動物だ」という当たり前のことが、犬を家族として家に迎えるようになったことで、忘れ去られてしまったように感じます。**

私は動物の「食事と栄養」を専門としている獣医師です。

兵庫県の養父《やぶ》市という、自然豊かな土地で、動物たちに囲まれて育ちました。両親、祖父母ともに働いていたため、昆虫や鳥、動物をひたすら飼育し、繁殖させるという子供時代でした。

野生の動物と接していると、過酷な環境で強く生き抜くために必要なものは何か、ということを教えられます。野生動物は医者にはかかれませんので、病気になったら終わりです。つまり「強く生きる力」が必要なのです。そして、それは外部から摂取する栄養、「食」にかかってきます。**「医」よりも「食」が先にくる、動物たちの飼育**

の経験を通してそう学んできました。

私は現在、「食事療法と栄養療法」で、愛犬の病気のケアや健康維持のお手伝いをしています。食事療法と栄養療法は、良質のフードや栄養補完食をワンちゃんに提供することで治療する、というものです。

私の食事・栄養療法を受けているのは、平均して動物病院を5回転院している、治療困難なワンちゃんばかり。このことから、いかに犬たちの食が病んでいるか、それが重い疾患を引き起こすのかを身をもって感じています。相談は、日本だけでなく、海外からも舞い込むようになり、犬の食の問題というのは、日本特有のものではなく、世界レベルのものであるということもわかってきました。

また、私は現在多くの時間を、ドッグフードの研究と開発に費やしています。疾患に一番関わっているのが普段の食事、つまりドッグフードだと考えているからです。

本の出版に至ったのは、飼い主の皆さんに、本当の意味で犬の食、犬の栄養についてお伝えしたかったからです。飼い主の皆さんが、愛情から犬たちにしていることが、かえって犬たちを傷つけているという現状に、大きな危機感を感じています。

愛犬を守れるのは飼い主であるあなただけです。そのために「人の視点でない『犬の目』」で必要な賢い知識を取捨する必要があるのです。その犬の目で見た「進化生物学」と最新の「進化医学」のエッセンスを学んでゆきましょう。本書を読み終えたとき、犬のプロでも知らない犬についての新しい知識を得ていることをお約束いたします。
飼い主とそのワンちゃんが、できるだけ長く健康で一緒に過ごせるようなお手伝いが、本書を通じてできたら、これ以上にうれしいことはありません。

宿南　章

あなたの愛情が裏目に出ることも!?
まずはあなたの“犬の健康常識”をチェック!

ご自身の飼い方や考え方に、当てはまるものに○を付けましょう。
1 パッケージの年齢表示に合わせてフードを選んでいる。……□
2 シニアフードをあげている。
もしくは、年をとったらシニアフードに切り替えるつもり。……□
3 健康のために野菜をあげて栄養バランスを整えようとしている。……□
4 食事はすべて手作りをしている。
もしくは、できるなら手作りにしてあげたい。……□
5 市販のおやつをあげている。……□
6 健康のためにいつも同じ量のフードをあげている。……□
7 年間を通じて、毎日きちんと散歩をしている。……□

愛犬家チェックテスト

8 自然に反するので女の子の避妊はしない。もしくは、するのはかわいそうだと思う。……□
9 難しい病気にかかっても最期まで徹底的に治療に専念し闘病する。……□
10 病気になったら、獣医さんの指示にきちんと従う。……□
11 夏にエアコンを入れるなど、過保護にしない。……□
12 家族だから、人と同じ健康によい食材を愛犬に食べさせてあげたい。……□

一つの○につき、1点で計算をしてください。

12点〜9点 あなたの愛情がかえって愛犬を苦しめている可能性があります。
8点〜4点 あなたの愛情がトラブルの原因になるかもしれません。
3点〜0点 あなたの愛犬は、あまり余分なストレスを受けずに生活をしていると思われます。さらに知識を高めましょう。

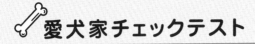

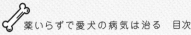

3章 医者いらず、薬いらずで病気は治る 117

ワン

企画協力	岩谷洋昌(H&S)
編集協力	黒坂真由子
校正	鷗来堂
装幀	小口翔平(tobufune)
本文デザイン	松好那名(matt's work)
イラスト	門川洋子
帯写真	©daj/amanaimages

プロローグ

マンガでわかる!
愛犬と暮らすために
知っておきたい犬の歴史

あなたは愛犬のルーツと、犬の祖先が何を食べてきたか知っていますか？
獣医師・しゅくちゃん
相棒・コジロウ
しゅくちゃん、ボクらの祖先がオオカミだってことはみんな知ってると思うワン？
ワォ〜ン
そうだね。じゃあ、オオカミになるかなり前のミアキスという哺乳類のことは知ってるかな？
ミアキス
このコだね
そんな最近!?
ニュ
そうそう
ミアキスが登場した6500万年前を仮に1週間前と考えると、犬が人間と暮らし始めたのはほんの4分前。更に、穀物を食べ出したのは1分前のことなんだよ

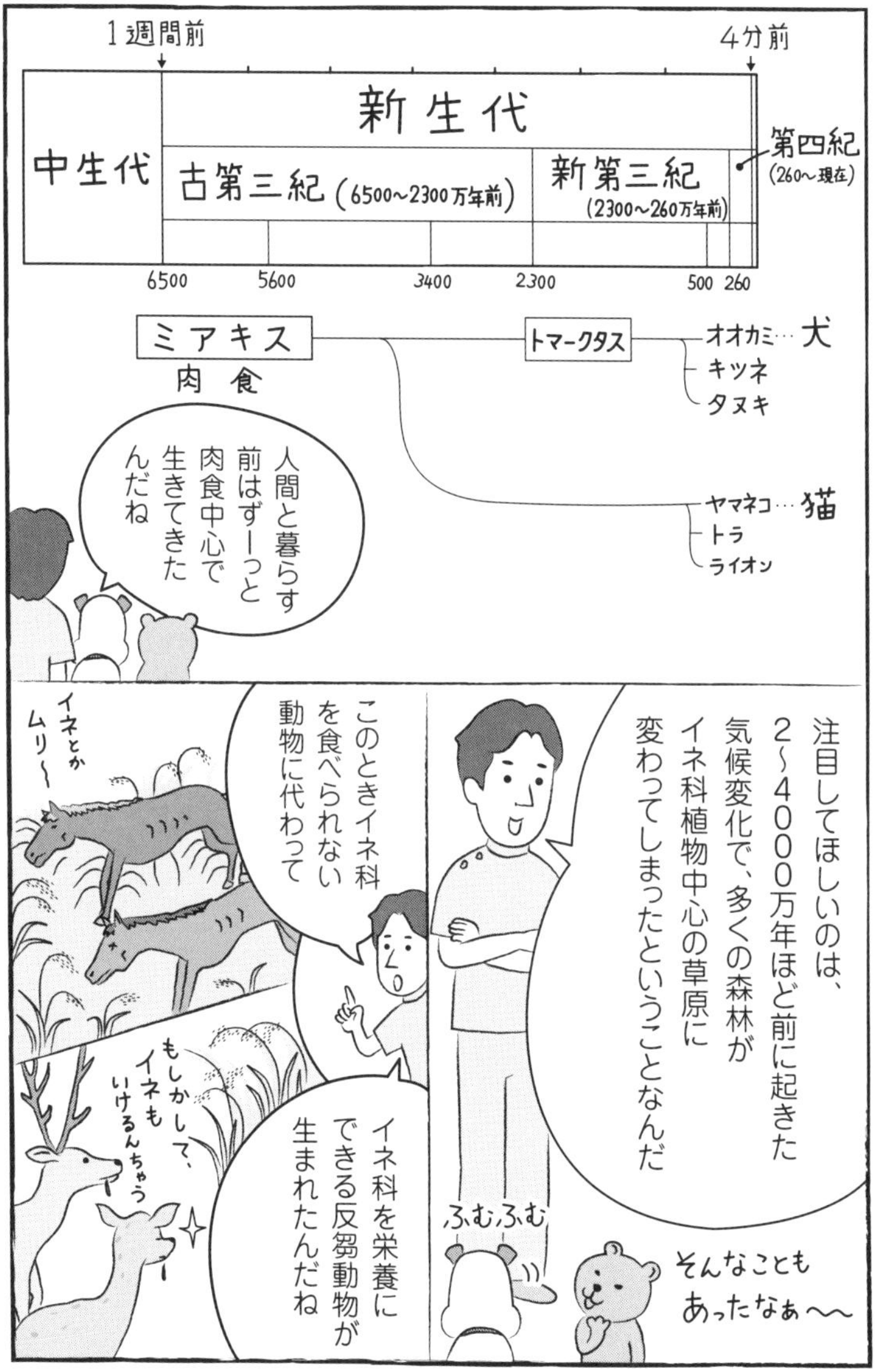

注：複雑な進化の過程を、ここではあえて簡潔に記載しています。

硬いイネ科植物を栄養に変えることのできる発酵タンク（第1〜第3胃）を身につけた！
第1胃
第2胃
第3胃
第4胃
兄ちゃん、はらへった…
あいつら まるごと食べてみようか…
犬の祖先はそんな反芻動物を主食にすることでイネ科植物への適応性をつけていったんだ
ほほう
それが人間との共生もできた大きな理由なんだよ
長いあいだイネなどが入った反芻動物の胃袋も一緒に食べてきたから、穀物にも適応できたんだね
ホーホー
うんうん

でも、「犬は人間の食べ物を食べられるようになった」と考えるのは実はキケンなんだ
反芻動物にとってダメな植物、野菜の多くは、犬にとっても好ましくない食べ物なんだよ
タマネギ
キャベツ
ホウレンソウ
ジャガイモ
野菜たっぷり♫
ヘルシーごはんができたわよ～
わん！
愛情ごはんが実はボクらの体に合わないものだとしたら……悲しいよね
じゃあここからは、犬の健康に本当は何がよくて何がよくないのか、くわしくお話ししていきますね！
飼い主さんたちよろしくワン！

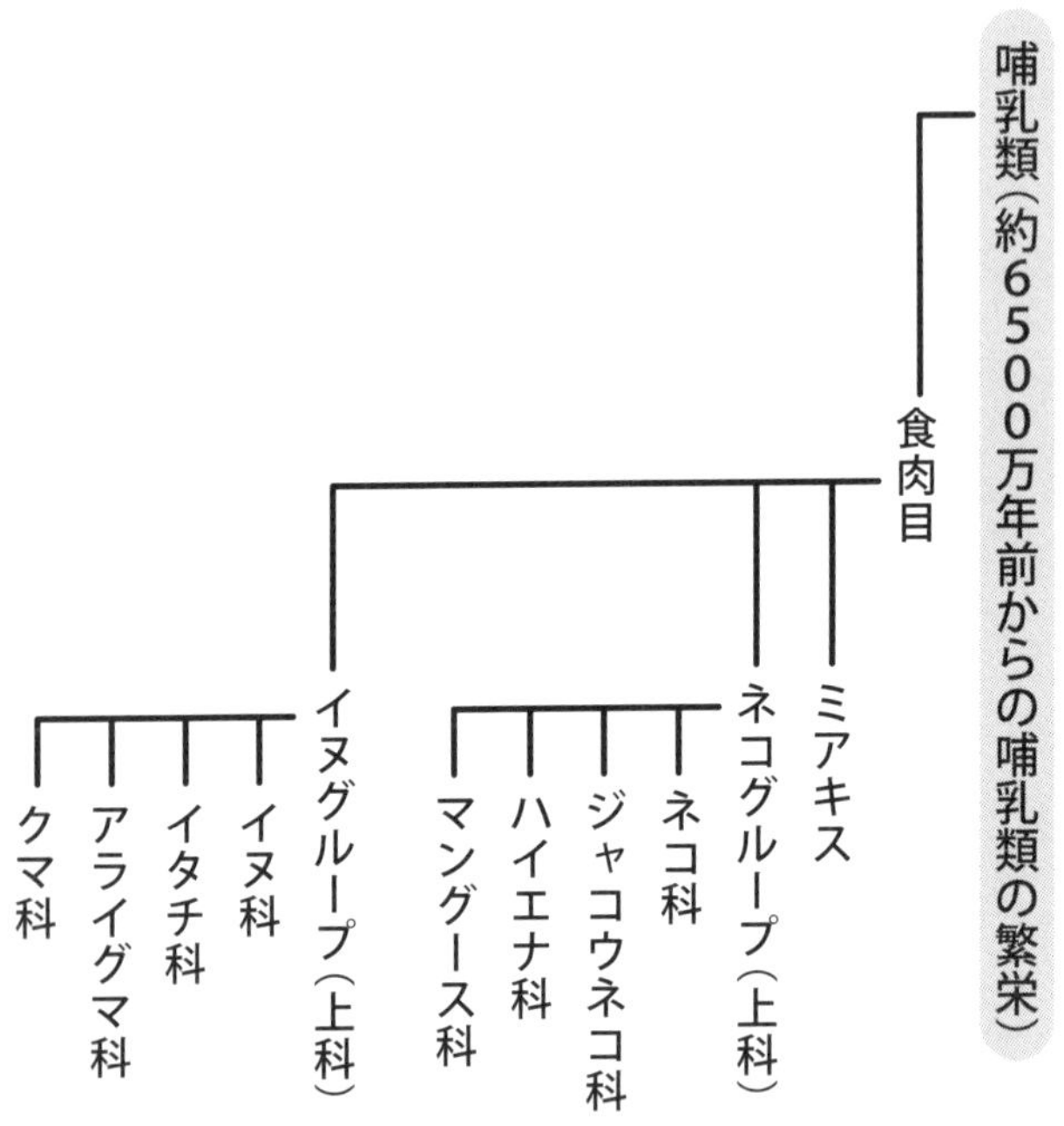
哺乳類（約6500万年前からの哺乳類の繁栄）
食肉目
ミアキス
ネコグループ（上科）
ネコ科
ジャコウネコ科
ハイエナ科
マングース科
イヌグループ（上科）
イヌ科
イタチ科
アライグマ科
クマ科

〈分類の概要〉

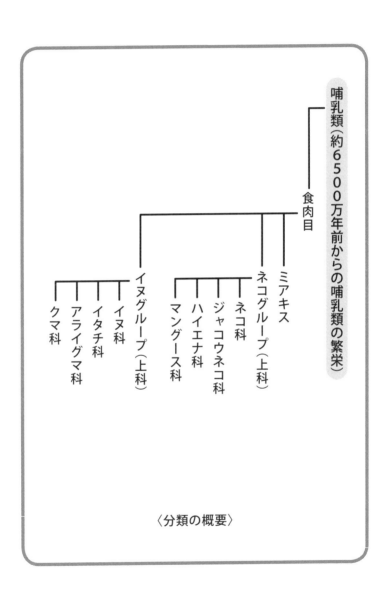

1章

愛犬が
病気になる食事、
ならない食事

パッケージの年齢表示に合わせてフードを選んでいます

フードは原材料表示で判断しよう

▼原材料のトップが「肉」のものを選ぶ

正確に言えば、年齢によるフード選びが間違っているわけではありません。しかし、もっと重要なことがあります。それは原材料の配合順位です。

約6500万年もの間、犬の祖先は肉食動物として生きてきました。イネ科の植物に適応する潜在的な能力があったとしても、人間に合わせて穀物を食べるようになったのはおよそ1万年前という、1週間で換算するとわずか1分ほど前に起きた大変化です。

進化の視点で考えると、犬はまだ穀物に適応している「途中」の段階です。それは

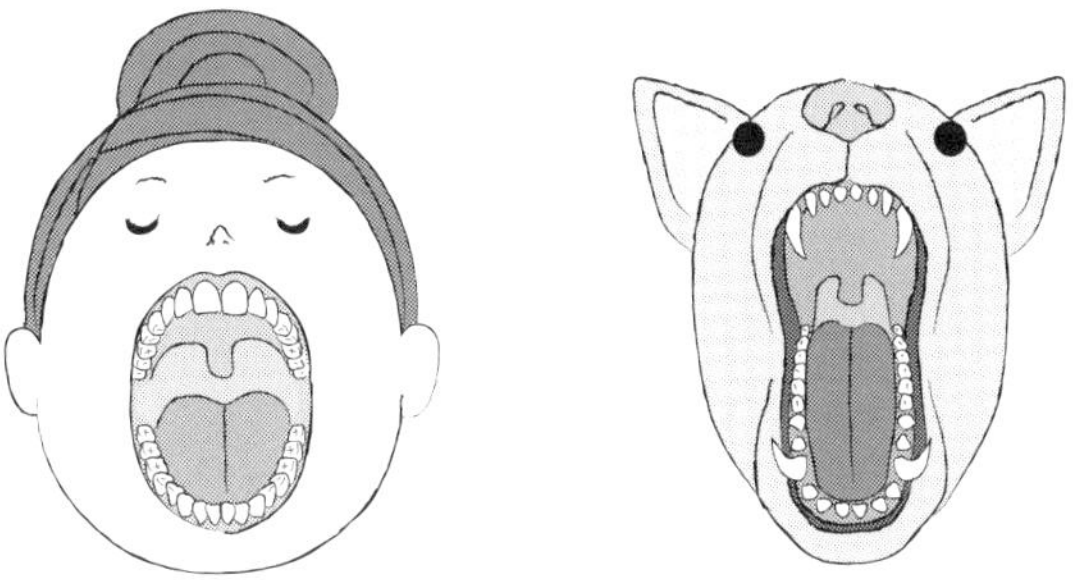

歯を見るとわかります。人間の歯が穀物の硬い繊維をすりつぶせるようにできているのと違い、実際に犬の歯を見ると、円柱状、先がとがった形になっています。これは、肉を切り裂いて飲み込んで食べるための構造です。そう考えるならば、オオカミであったときからずっと食べ続けている肉が多く入っているフードを選んだほうが、犬にとって安全であることは間違いありません。穀物ばかりのフードを食べているワンちゃんに胃腸障害が多いのはそのためです。
では、そのようなドッグフードをどのように選べばいいのでしょう？
ドッグフードはいろいろな原材料を混ぜてつくられていますが、「原材料は量が多いもの順に並べなければいけない」という決まりがあります。**ですから、ラベルの原材料表示のところに、肉がトップにきているものを選びましょう。**なおかつ、その肉は牛や羊などの反《はん》芻《すう》動物であると理想的です。これは、３０００万年の間、犬の祖先が捕食していたのが反芻動物だったからです。
とはいえ、肉が多いドッグフードでは、値段は高くなりがちです。もし、肉がトップに掲載されているフードが高すぎるということであれば、4番目よりも3番目、3番目よりも2番目に肉がきているものを選んでください。「肉がなるべくたくさん入っているフードを選ぶ」。これは、ワンちゃんの歯の構造、進化の歴史にかなった選び方です。

例外を一つ。子犬だけは、年齢表示を参考に選んでください。子犬（パピー）用は成犬用、シニア用よりもかなり多めの動物性のタンパク質が配合されています。このことからも成長期などの重要な時期には犬に動物性タンパク質が必要なことがご理解いただけるかもしれません。

▼肉の香りが強いものを選ぶ

次のポイントはにおいです。

今ワンちゃんにあげているフードのにおいをかいでみてください。肉の香り、穀物の香り、どちらが強いでしょうか？　言うまでもなく、肉の香りが強いほうがワンちゃんにとっておすすめです。

その時に、酸化したにおいがしないか、腐敗したにおいがしないかに注意をしてください。犬は夏場に弱い生き物ですが、それは体の酸化をとめるという機能が人間ほど強くないからです。

寒い地域で進化したオオカミが、ヨーロッパで改良されて今の犬になったように、犬は涼しい所で進化してきています。涼しい環境では、熱による油や食べ物の酸化が起きにくいため、酸化物は、ワンちゃんの病気を誘発しやすい傾向があるのです。

▼原産国に注意！

どこの国でつくられたかで、不純物の入り方に差があります。メーカー側には安い物をつくらなければならないというユーザーからの圧力があるので、どうしても安い地域から原材料を仕入れようとします。
２００７年には、アメリカでも中国の原材料を使ったフードで腎不全が多発し、多くの犬や猫が死亡しました。石炭などからつくられたメラミンが混入していたのです。メラミンはプラスチックの原料です。こういった事件が起こると、ドッグフードの「あるロット」だけ悪かったように事態収拾が図られますが、中国の粉ミルクに繰り返しメラミンが添加され、乳児の腎結石や腎不全（死亡事故や生涯にわたる障害まで）が起きていたように、安い原材料を使い利潤を確保しなければ存続できない企業の特性上、ペットフードには、常に付きまとう危険といえます。

Point

年齢より、原材料の順位、におい、原産国でフードを選ぶ。

シニアフードをあげています

年をとったら「低タンパクがヘルシー」は間違い

▼年をとったら肉食に変える

フードを年齢表示で選んでいる場合に心配なのが、「動物性タンパク質不足」です。

シニア犬用フードというのは、肉類などの動物性タンパク質の割合を減らし、穀物の割合を増やしたものです。「年をとったら肉を減らしてヘルシーに」と聞くと、なんとなくよさそうですが、これはサルから進化した人の栄養学の押し付けでしかありません（最近は人間の栄養学でも、年をとっても肉を食べようという論調も増えていますが）。

私は、最近足腰が弱って寝たきりになる犬が多いのは、このような人の視点からつくられたシニア犬用フードのせいではないかと考えています。寝たきりのワンちゃんの飼い主さんに、どんなフードをあげているかをたずねると、きまって「ちゃんとシニアフードにしています」といった答えが返ってきます。

穀物を中心としたヘルシーなフードでは、シニア犬は動物性タンパク質の不足に陥ります。動物性タンパク質不足は、筋肉を細らせ、特に後ろ足にダメージを与えます。後ろ足が弱ってしまうと立つことができず、寝たきりとなってしまうのです。

野生の動物が老化によって、寝たきりになることはありません。寝たきりを生み出しているのは、私たちが与える毎日のフードなのです。


逆に、寝たきりとなった犬に肉を多めに与えると回復するケースが多いのもそのためです。私は、治療の一環として生肉を食べさせることがあります。

ある日友人から「飼い犬があと数時間後に死ぬと言われた」と連絡がありました。14歳のミックス犬の男の子、ココちゃんは、老衰で立ち上がれないどころか、何も食べられない、といいます。そこで、「生のステーキ肉をぶつ切りにしてあげて」と伝えました。友人は、「もう何も食べないのになあ」と思いつつ、肉を用意し鼻先に持っていったところ、ココちゃんはがつがつと食べ始め、むくっと立ち上がったそうです。それから半年間、寝たきりになることなく余生を過ごせたといいます。

このように今まで自力で立てなかった子が、肉食に変えたことで立てるようになったという例を、私は今まで頻繁に経験してきました（ただし、肉の与え方には注意が必要です。詳しくは54ページ参照）。

▼動物性タンパク質たっぷりの食事を

祖先のオオカミは、幼いときから老年に至るまで、一貫して鹿肉を食べていました。「年をとったからヘルシーなものを食べる」という考えは犬にはありません。逆に、年をとると、比較的新しく獲得した習性は失われ、古来から持っている習性が目立つようになります。このことは、認知症となった老犬が、夜行性になりやすいというところからもわかります。

15歳の柴犬、マロン君は認知症のため、昼夜が逆転していました。マンションで飼われていたため、夜中にワォ～ン、ワォ～ンと泣き続けることは、飼い主さんには大問題。後ろ足の筋肉が弱りうまく立てないだけでなく、おむつをして、自分のこともわからない様子でした。この状態が、肉中心の食事と、ビタミンの栄養処方で、1週間で元に戻ったのです。飼い主との生活で獲得した習慣よりも、年をとって本来の性質があらわになり、昼夜逆転してしまっていたのです。マロン君は今でも元気です。

食事についても同じです。進化の過程で新しく獲得した穀物を代謝する能力より、肉を代謝する能力のほうが最後まで維持されることは覚えておくとよいでしょう。

老犬にやさしいフードは、ヘルシーフードではなく、肉中心のフードなのです。ドッグフードであれば、弱ってきた老犬には、消化しやすい肉、つまり良質の動物性タンパク質を多く含んだものがおすすめです。

そうすることで筋肉を維持し、寝たきりの予防になるばかりでなく、認知症の心配も減らすことができます。体のことを考えても、脳のことを考えても、「老犬には肉がいい」ということを覚えておきましょう。

Point
ヘルシーにするのではなく、肉を多めに与えて筋肉を維持する。

健康を考えて、ドッグフードを選んでいます

3割の犬はドッグフードが合わない

▼ドッグフードが新しい病気をつくっている

ドッグフードはとてもよく考えられています。ただ、どのワンちゃんにとっても理想の食事というわけではありません。犬の約3割にはドッグフードが合っていないために、いろいろな疾患が引き起こされているように感じています。

講演会会場などで、よくこんな質問をします。「皆さん、昔、犬を飼育されていて、皮膚炎やかゆみで悩

まれた方はいらっしゃいますか？」と。そうするとほとんどの方が「ノー」と答えられます。実際に何度聞いても、ノーなのです。

「では、今はどうですか？」と聞くと、すごい勢いで、「皮膚病で治療しています」「かゆみがとまらない」「真っ赤になって、毛が抜けた」などなど……、話が次々と出てきます。

昔の犬の寿命が6歳ぐらいとして、今飼っている犬が、6歳以降に皮膚炎やかゆみに悩まされたのであれば、それは寿命が長くなって起きていることになります。昔の犬と同じように、今飼育している犬も、若い時期（6歳まで）を比べないと、フェアじゃないですよね。

そこで、「では、皮膚炎やかゆみは、何歳頃から起きましたか？」と聞くと、「7カ月」「1歳」「1歳半」「2歳」……。多くの病気、特に治りにくい犬の皮膚炎、かゆみ、外耳炎などが、かなり若い時期に発症しています。読者の皆さんの中でも、困られている方は多いと思います。


このようなことは、人間も同じで、アトピーや喘息、アレルギーが急速に増えています。犬においても、今までは起きなかった皮膚病や治療困難な疾患が増えていることは確かです。

これは、一つには穀物の油に含まれる「リノール酸」に適応できないワンちゃんがいるためと思われます。リノール酸というのは、炎症を起こしやすくする作用があり、これを多量に摂取することで、アレルギー疾患になりやすいという危険があります。

▼急激な食の変化に対応できない犬たち

犬は、犬の祖先のオオカミの食事から、現代のドッグフードまで、三つの大きな食事の変化を経験しています。第1は、野生動物を食べていたオオカミの時代。これが数千万年続きます。第2は、人とともに暮らし、狩猟や牧畜で得た動物を食べる時代。肉類に加え穀類を食べるようになったのはこの頃。1万年ほどかけて、犬はイネ科の種子である穀類が消化できるように進化してきました。そして、第3は現代のドッグフードの時代です。これはわずか数十年の変化です。

この第3の急激な変化に、犬の進化は追いつくことができません。「過度の穀類

3つの食事の変化の山

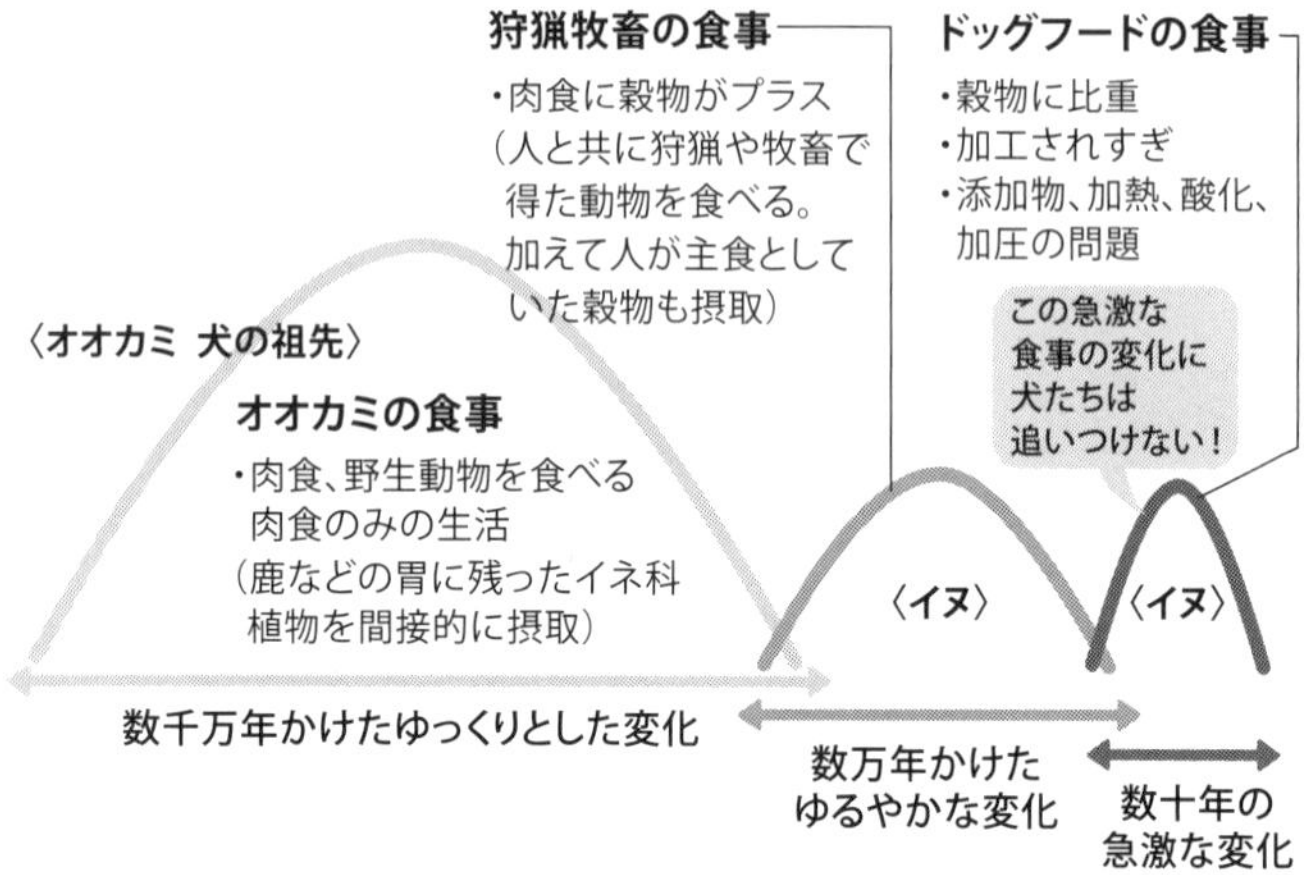
狩猟牧畜の食事
・肉食に穀物がプラス
（人と共に狩猟や牧畜で
得た動物を食べる。
加えて人が主食として
いた穀物も摂取）
ドッグフードの食事
・穀物に比重
・加工されすぎ
・添加物、加熱、酸化、
加圧の問題
この急激な
食事の変化に
犬たちは
追いつけない！
〈オオカミ 犬の祖先〉
オオカミの食事
・肉食、野生動物を食べる
肉食のみの生活
（鹿などの胃に残ったイネ科
植物を間接的に摂取）
〈イヌ〉
〈イヌ〉
数千万年かけたゆっくりとした変化
数万年かけた
ゆるやかな変化
数十年の
急激な変化

（過度のリノール酸）」「過度の食物の加工」「過度の添加物」「過度の加熱」「過度の酸化」「過度の加圧」などに、耐えることができない犬が多いのです。

もちろん、現代のドッグフードに適応し、問題なく過ごせる子もいます。ただ、獣医の肌感覚として、3割ほどのワンちゃんが、この大きな変化についていけていないのではないかと感じます。

栄養バランスなど、よく考えられている現代のドッグフードですが、それぞれの歴史をたどってきた300種類以上の犬種の遺伝的、代謝的な違いに対し、カバーしきれないのは致し方ありません。

何ごとも、長所と短所があります。そ

のメリット、デメリットを飼育者である飼い主が理解し、選択することが、愛犬家に求められていることだと思います。

▼10日間、ドッグフードをやめると見えてくる

愛犬に皮膚病など気になる症状があるときには、一度ドッグフードをやめて、次のページの「テスト用手作り食」を10日間試してみましょう。

いつも与えているドライのドッグフードの量を1とします。手作り食は生で水分が入っていますので、ドライのドッグフードの2・5〜4倍量が手作り食の量となります。今回はわかりやすく3倍量でレシピをご紹介します。

人間でいうところの野菜は必要ありません。ドッグフードが犬に合っているかどうかの検査用の食事ですので、長期間食べさせる場合はミネラルとビタミンなどの必須栄養素の調整が必要です（64ページ参照）。

この食事を10日間試してみてください。

テスト用手作り食

1カップ＝200㎖

（材料）

- 肉（牛肉、鶏肉）　1カップ
- ご飯　2カップ
- 煎り糠（米糠を煎ったもの）小さじ1杯（5㎖）
- 牛脂またはラード　大さじ2杯（30㎖）
- 食塩　少々（お味噌汁の1／3程度の味付け）

（作り方）

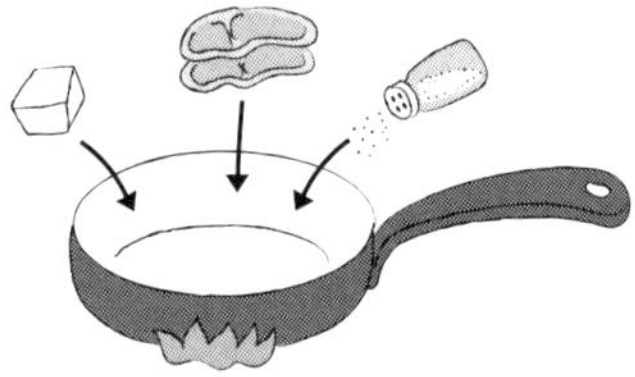

①肉（牛肉または鶏肉）を牛脂やラードで炒め、塩少々で味付け。

②煎り糠をのせたご飯の上に、①をかけて混ぜれば完成。

皮膚炎、涙やけ、後ろ足のふらつきなど、気になる症状が改善されたなら、今あげているドッグフードがワンちゃんに合っていないということです。
この間、おやつ、ガム、ジャーキーなどを与えないようにすることも重要です。おやつが必要な場合は、牛肉や鶏肉をボイルしたものを代わりに与えてください（59ページ参照）。おやつ、ガム、ジャーキーが原因の場合も多いためです。

生後7カ月からステロイドを使い続け、8歳で獣医にさじを投げられた雄のラブラドール・レトリーバーのロッキー君は、アメリカから相談がきました。膿皮症（皮膚の下に膿が溜まる病気）で、残された命は長くないと宣告されたといいます。このテスト食を続けたところ、2週間で膿皮症が治まりました。その後ステロイドとNSAIDs《エヌセイド》（非ステロイド性抗炎症薬）のとても重い副作用から離脱するために、この犬種に効く栄養として鱈《タラ》を選び、大量に与えることで、元気を取り戻しました。

Point
気になる症状があるなら、10日間の手作り食でテストする。

昔ながらの残飯で元気に過ごしています

重要な栄養素が不足し短命に

▼残飯食が愛犬を短命にしてしまう

犬の寿命からみたとき、人間の残り物を食べていた頃の犬の平均寿命は6歳ぐらいです。現代のドッグフードで飼育されているワンちゃんの平均寿命は13歳ぐらいですから、7歳以上も寿命が延びたことがわかります。昔は、交通事故や、フィラリアという病気も多かったのですが、それを差し引いても、人の残飯を食べていたときより、明らかに現代のドッグフードのほうが愛犬の長寿に貢献しているように思います。

もう一つ重要なことは、ドッグフードが普及する以前（40年前）は、日本の家庭で飼育されている犬は、日本犬（和犬）かその雑種が多かったということです。日本犬は日本人と長く生活してきたため日本人の食生活にかなり適応しています。欧米犬（洋犬）に比べて、穀類が消化できるよう大腸が長いのです。洋犬は大腸が短く、肉類をたくさんとり、穀類が少ない食事に適した体をしています。

●日本犬＝穀類を消化しやすく大腸が長い…柴犬、甲斐犬、秋田犬など
●欧米犬＝穀類を消化しにくく腸が短い…ダックスフンド、プードルなど

洋犬は、主に狩猟や牧畜といった肉が十分に食べられる環境で生活をしていました。そのため、その犬を日本の食事の残りで飼育すると栄養欠損を起こします。タンパク質が少なすぎるのです。日本の食事の残り物で飼育されていた洋犬がとても短命だったり、虚弱だったりするという話をよく聞きますが、これが一因と思われます。

では、腸が長い日本犬は、日本食の残り物（残飯）で長生きしていたのでしょうか。実際は、洋犬ほどでないにしろ短命でした。日本犬といってもいろいろな種類がいます。柴犬、縄文柴犬、秋田犬、甲斐犬、紀州犬などなど。実は、どの犬をみて

も、日本でも狩り（猟）に使われていたことがわかります。クマ、イノシシ、鹿、タヌキ、キジ、カモなどです。

日本でも犬は、江戸時代からずっと狩りの獲物の肉や骨を大量にとり続けていたことがわかります。しかし、西洋ほど狩猟は盛んではなく農繁期は農業に専念していましたので、その期間は穀物食でも体を維持できる構造に日本犬の大腸は進化したと考えられます。日本犬は、農業がヒマな時期は狩りに行き、獲物の肉をお腹いっぱい食べられる、そういう生活だったわけです。ですから洋犬ほどではないにしても、穀物ばかりの残飯では栄養欠損が生じ、短命になると考えられます。

▼犬種ごとの食事のポイント教えます

ドッグフードや残飯に少し工夫を加えるだけでも、長い目で見ると大きな差が出てきます。犬種ごとの特徴を知って食事を工夫しましょう。基本は動物性タンパク質を増やすために、つまり肉や魚を与えることです。

主な犬種においての食事のポイントをお伝えいたします。

●プードル
水辺で猟師が撃ち落とした鳥の回収、フランスでカモ狩りに使われていた猟犬です。肉類をたくさん食べてきた犬種なので、不調や栄養不足のときには、カモや鶏などの、鳥肉を食事にプラスします。

●チワワ
メキシコの暖かい土地の犬が、小型化されたのがチワワです。食事の不足に弱く、低血糖が原因でよく命を落とします。チワワはフードを一日に回数を多く与えるのを基本とします。一般家庭であれば標準よりややふくよかに保たれたほうが健康を維持しやすいと思います。

エネルギー消費量が大きいので、ドッグフードはカロリーが高めのものを選ぶとよいでしょう。また、トッピングは、

〈チワワ〉

〈プードル〉

脂を多く含む皮つきの鶏肉や、適度に脂肪を含んだ肉を使われることをお勧めいたします。ササミなどの脂が少ないものより、適度に脂肪を含んだ肉をトッピングするのがポイントです。痩せすぎの子には特にそうです。まるまるした子には脂肪が少な目の肉のトッピングで。

●ダックスフンド

先祖犬が狩猟犬（ジュラハウンド）なので肉（動物性タンパク質）を多めにします。過去の歴史をみても狩猟犬との交配が多く、大腸が短くて穀物の消化が弱いため野菜（双子葉植物）や穀物主体のフードを与えないようにします。

●ラブラドール・レトリーバー

足に水かきがあるカナダの水難救助犬ニューファンドランド犬とセント・ジョンズ・ウォーター・ドッグの交配により

〈ラブラドール・レトリーバー〉

〈ダックスフンド〉

作出された犬種です。鱈《タラ》漁で活躍していたため、体調不良時には魚、特に鱈系を与えるとよいでしょう。

●ゴールデン・レトリーバー

ニューファンドランド犬を中心に、いくつかの犬種と交配。19世紀中ごろに作出されました。水鳥の猟で活躍した、鳥回収犬です。体調不良時には鶏肉と魚を与えます。

●日本犬（柴犬・秋田犬・甲斐犬など）

古代犬の一つで、縄文時代から飼育されています。ヤマドリ・キジなどの鳥、ウサギなど小動物の狩猟に使われた狩猟犬です。時々、鶏肉を好きなだけ食べさせます。また日本食の影響で、魚が必要な犬種でもあります。認知症を起こす犬の半数が日本犬（ほとんど柴犬）という報告がありますが、魚に含まれる栄養で改善されることが多くあります。ここで

〈ゴールデン・レトリーバー〉

〈柴犬〉

も犬の歴史を尊重することが重要ということがわかります。

日本犬の風貌（茶の毛色や中ぐらいの大きさ）をしたミックス犬であれば、魚、鶏肉、牛肉の3種をローテーションでトッピングするのがおすすめです。

猟犬・牧羊犬か愛玩犬か、日本犬か洋犬かによって食事の注意点も変わります。

大きなくくりとして、猟犬や牧羊犬などは動物性タンパク質を必要とする場合が多いと覚えておくとよいでしょう。愛玩犬としての伝統を長く持つ犬種は、比較的に穀物が多くても適応性が高いといえます。また日本犬は、洋犬よりは動物性タンパク質不足に耐えられますが、時に鶏肉や魚を好きなだけ食べさせると健康維持に役立ちます。

Point

動物性タンパク質が不足しないよう、犬種ごとのカスタマイズが必要。

野菜をあげて栄養バランスを整えています

野菜には毒があると考える

▼犬に野菜はいらない

植物は動けません。外敵が襲ってきても逃げることができません。そのため、動くことができなくても身を守る術を発達させています。

あるものは再生を早めることで、またあるものは捕食されないために地面ギリギリに生長点を低くし（シダ、イネ科植物、タンポポなど）、さらにあるものは捕食者の消化を物理的に防ぎ（植物の細胞壁はそもそもそのためにあります。低タンパク化戦略もその一つです）、あるものは化学的防御を行います。

このなかでも特に重要なのが化学的防御です。これは植物が捕食者から化学的に身を守る手段です。簡単にいうと「毒」です。植物学や薬草学ではアルカロイドとか、その関連物質と呼ぶことが多いです。

植物の毒にはいろいろな種類があります。

1　細菌を殺すもの（身を守るもの）
2　カビ（真菌）を殺すもの（身を守るもの）
3　原虫や線虫などを防除するもの
4　昆虫などの虫から防衛するもの
5　動物の捕食から身を守るもの

人が健康によいといっている植物、つまり野菜には、人への毒性はありません。かわりに、人に有害作用を与える細菌や真菌をやっつけてくれる野菜を、私たちは有用植物として利用してきました。植物の持つ毒の力を借りているのが、人の健康食なのです。

▼犬が野菜を食べられない理由

では、犬も一緒と考えやすいのですが、犬は人間とは体の代謝がまるで違います。3000万年の間、反芻動物を食べていましたが、その反芻動物は消化が困難でタンパク質の少ないイネ科植物を主食とするために4つの胃を持っています。この体の3分の1の重さに値する胃は、言うなれば、巨大な「微生物発酵槽」です。胃の中に生息する微生物（細菌、真菌、原生動物）が、反芻動物の消化活動を担っているのです。

そこに、細菌や真菌への防御作用を持つ植物（人間が食べている野菜など）を食べると、胃の中の微生物がダメージを受け、反芻動物は病気になるか場合によっては死んでしまいます。

そのため、反芻動物を主食としていた犬の祖先も3000万年以上もの間、野菜の毒素に触れることがありませんでした。ですから、人の健康には役立つ野菜であっても、犬にとっては危険な可能性が大きいのです。

▼野菜は「毒」か「薬」と考える

人間にとって体にいいとされている野菜でも、犬の食事とする場合には十分な注意が必要です。人の野菜は原則、犬には毒か、薬としての作用があると考え注意深く与える必要があります。

2ページでもお話ししたように、人間には有用なタマネギも、犬には貧血を引き起こす毒でしかありません。また、犬に多い膀胱結石ですが、これはほうれん草やキャベツが原因となっている場合があります。これらの野菜には多量の「シュウ酸」が含まれており、シュウ酸カルシウム結石をつくってしまうからです。

先日も、結石の手術を繰り返すことに困っておられる飼い主さんにお会いしました。よかれと思って継続的にキャベツを与えている、という話を聞き、直ちに中止していただきました。「野菜が体に悪いなんて、考えたこともなかった」とのことですが、実際に野菜の危険性に気付いておられる飼い主さんは少数派かもしれません。キャベツの中止から、再発はないとのことです。

野菜には多かれ少なかれ、シュウ酸が含まれていますし、野菜を食べると犬の正常な尿のＰＨの酸性が崩され、アルカリ性になることで問題が発生します。

犬の健康にとって重要なのは、祖先のオオカミの食と、反芻動物（鹿、牛）の食に対する知識です。人間の栄養学をそのまま考慮もせずに使用することは有害です。

そもそも、「ヘルシーな野菜や穀物中心」の手作り食やドッグフード（ここ最近ではドッグフードも野菜と穀物が中心のフードが多く出回っています）では、犬に一番必要な動物性タンパク質が絶対的に欠乏してしまいます。

「栄養バランス」を考えて、犬に有害な野菜を継続的に与えている飼い主さんの多いことに、私は大きな危機感を持っています。愛犬への愛情が、かえってあだになってしまっている恐れがあり心配です。

▼「トッピング食の野菜」は危険

また、野菜には別の側面もあります。ドッグフードの上に野菜をかけて与える「トッピング食」といわれるものがありますが、ドッグフードの種類と野菜の種類の組み合わせによっては、体の中で毒素を発生させる恐れがあるのです。まだまだ研究の余地はありますが、野菜自体が毒となりうる可能性が高いことを考えると、このような野菜の与え方はしないほうが無難でしょう。

犬と人の1日に必要なたんぱく質量

人（成人男子）…1g（体重1kg当たり）
犬……………2・5g以上（体重1kg当たり）
※犬に人と同じ食事を与えるとタンパク質だけ見ても重大な栄養欠乏を引き起こすことがわかる

Point

犬に野菜はいらない。

大好きなジャガイモをあげています

見落とされがちなジャガイモ中毒に注意！

▼ジャガイモは中毒を起こす

あまり知られていませんが、ジャガイモが犬の吐き気や不調の原因になっていることがあります。なじみの深い野菜なので、見落とされてしまうのです。

ジャガイモは、タバコと同じで毒草の多いナス科に属します。毒草のチョウセンアサガオもこの植物グループです。子供の頃に、「ジャガイモの芽や緑の皮を食べてはいけない！」と言われたことはないでしょうか。実は、ジャガイモには、わりと強めの毒が含まれているのです。お料理するときには、必ず芽を取るのもそのためです。

ジャガイモの毒は「ソラニン」と考えられていました。しかし、最近では、ジャガイモの主要な毒素は「チャコニン」といわれています。チャコニンを知っているかどうかで、栄養学や、手作り食に本当に詳しいかどうかがわかるという人もいるぐらいです。

犬に悪いタマネギなどは、洋犬より日本犬が弱いとか、犬種や個体によりかなり違うことが知られています。ジャガイモも同じで、平気な犬ももちろんいるのですが、まったく受けつけない犬もいるのです。人でいえば、牛乳を1リットル飲んでも平気な人と、コップ1杯でトイレに直行の人と、有益・有害に大きな差があります。犬は、それ以上に個体差があると思われます。

ジャガイモ中毒の症状は、吐き気、嘔吐、下痢、神経症状などです。実際に、原因不明の吐き気と、不安、震えなどを起こしたワンちゃんに、トッピングで与えていたジャガイモをやめていただいたら、一日で治るケースが何度もありました。通常ジャガイモの毒素は、24時間で排泄されます。

▼男爵イモよりもメークインのほうが危険

また、ジャガイモによっては、毒の含有量が平均の10倍のアルカロイドを含むこともあるといわれています。この含有量は人の子供が中毒症状を起こす量です。犬が食べると人より少量でもっと簡単に中毒に至ることが予想いただけると思います。

ジャガイモには意外にたくさんの毒が含まれています。チャコニンやソラニンなどの毒性物質をグリコアルカロイド（GA）という数値でみてみましょう。

100g中に　男爵は、　平均2mg
　　　　　メークインは、平均5mg

のグリコアルカロイドを含んでいます。

また、この毒性物質は光に当たるとさらに増えます。このようなトラブルが起きないように、一般流通のジャガイモは暗い所で保管されていますが、スーパーの外などで光が当たっているものに関しては、毒性を持つものが出てきていて、近年、「スーパーの陳列台にジャガイモを並べていいのか？」という問題まで専門家で議論されているくらいです。

また、子供が学校で栽培したジャガイモを食べて、集団食中毒を起こすという事故がたびたび起こるのは、家庭菜園のジャガイモは毒素の量が通常のジャガイモの10倍以上になっていることが多いからです。子供の中毒量は大人より低く（およそ10分の1ぐらいといわれています）、そのことも関係していると思います。

犬が喜んで食べていたのに、後で具合が悪くなるのは、犬が肉食だったため毒を感知する能力が低いことが理由と考えられます。また、植物に含まれる毒素を分解してきた歴史が浅いので、犬は人の100分の1の毒量でも中毒を起こしかねないと考えておくとよいでしょう。つまり、犬は中毒を起こしやすいのです。

人や豚やネズミなど、何でも食べる雑食系動物は、毒を感知する能力や解毒能力も高く、中毒を避けることができます。しかし犬は違います。このように、**犬に人間の感覚で食事を与えると、危険にさらしてしまうことがあるのです。**

Point
犬が好きなものでも、中毒を起こす可能性がある。

食事はすべて手作りです

間違った手作り食で、寝たきり、短命に

▼危険いっぱいの手作り食

ドッグフードの普及により、犬の平均寿命は13年ぐらいに延びています。しかし、その一方でアレルギー性の皮膚疾患の多発、外耳炎、歯周病、がん、原因不明の疾患など、難しい病気が増えています。特に、アトピーやアレルギー性皮膚疾患は猛威を振るっています。動物病院や改良型ドッグフードも再発を抑えることが難しいのが現状ではないでしょうか。

このような愛犬の苦しみを緩和する方法として「手作り食」が注目されています。薬や治療が効かない病気が、手作り食で改善する例がよくあります。犬がドッグフー

ドより喜んで食べることが多いのも広まる背景となっています。

▼塩分不足が突然死を生む

では、手作り食でアレルギーなども改善されハッピーエンド、と思いたいところですが、残念ながらそううまくはいきません。手作り食に切り替えた子が、3カ月〜半年後に病院に運び込まれるケースが相次いでいます。最悪の場合、突然死に至ることもあります。よく聞く代表的な話は、「手作り食にして苦労していた皮膚病が治ったんですが、でも、わりと若い年齢で急に……」。

この主な原因は生肉の与えすぎや肉オンリー食で起こります。手作り食を始めると、病気もよくなり、犬も喜んで食べます。そして、さらに犬が肉を喜んで食べるため、肉を主食にしてしまうというケースです。先日も、3匹のチワワの食事を肉オンリーに替えたという飼い主さんから相談がありました。肉食に変更してから、次々にワンちゃんを失ってしまったというのです。

現在スーパーなどで売られている肉は精肉といい、オオカミが野生の時代に食べていた本来の肉とは大きく異なります。臭みを消すために、血液成分がすべて抜き取られた細胞だけの肉です。このことで重大なミネラルのアンバランスが生じています。血液を抜き去ったことでナトリウム（塩分）のほとんどが失われてしまうのです。

このミネラルの中のカリウム過多な精肉だけを食べていると、心臓停止という突然死が起こりやすくなります。カリウムは心臓停止を引き起こすミネラルで、必ずナトリウムとのバランスをとることが必要なのです。肉を与えるときはお味噌汁の3分の1程度の塩味になるように、塩（つまり塩化ナトリウム）を加えるとカリウムのとりすぎによる突然死や心臓の不調を防止することができます。

▼手作り食こそ、栄養バランスを

実際のところ、ドッグフードは、とても緻密につくられています。タンパク質量、脂肪量、炭水化物、ビタミンが複数配合され、ミネラルも厳密なバランスで含まれています。実は、ドッグフードにより犬が長寿化したのは、このあたりの重要な栄養成分を厳密に配合し、栄養欠損を起こさせないというところが徹底されているためです。長年の経験を通じたこの知識の蓄積は素晴らしく、さらには、過剰になると危険な栄養成分の配合量も計算されています。

犬は寿命が人間よりも短い分、人間よりも6倍も速く代謝し、細胞が早く入れ換わります。毎日のわずかな栄養の欠乏や過剰が、2年、3年と積み重なることで、愛犬の健康を損なうケースもあります。

このような微妙な歪みへの対処が、手作り食では困難になりがちです。手作り食で、長期の健康と寿命を維持するには、かなり真剣に基本となる犬の栄養学の習得に取り組む必要があります。

Point
安易な手作り食への移行に注意。
味噌汁3分の1くらいの味付けで塩分不足を予防。

おやつも適切にあげています

簡単な手作りおやつでアレルギーを回避

▼手作りおやつでアレルギーは防げる

ドッグフードと同じか、それ以上に、犬のアレルギーや嘔吐、震えなどの不調の原因になっていることが多いのが「おやつ」です。おやつが体に合わない子の場合、おやつをやめることで体調がよくなることが多くあります。

皮膚炎や、アレルギー、嘔吐や下痢などが起きやすい子、それに、愛犬の健康を大切にされたい方には手作りおやつが役立ちます。多くのワンちゃんが、いつものおやつより、ずっと喜ぶと思います。おやつが体調不良の原因になっているかどうかを調べたい方は、少なくとも手作りおやつを2〜3週間お試しください。

▼おやつの作り方

作り方は簡単です。

1　鶏肉おやつ
①鶏の胸肉を焼く。または、ボイルして火を通す
②冷めたら指で肉をほぐして出来上がり

容器に入れて冷蔵庫に入れておくと2、3日使用できますし、作り置きして冷凍庫で保存し、2、3日分ずつ小分けにして、冷蔵庫で解凍すると手間もかかりませんし、安心ですね。

一日にあげる量は、食事の量の10分の1以内の量であれば栄養バランスが崩れることなく、健康的なおやつとなります。

手作りおやつ

＊鶏肉おやつ

①

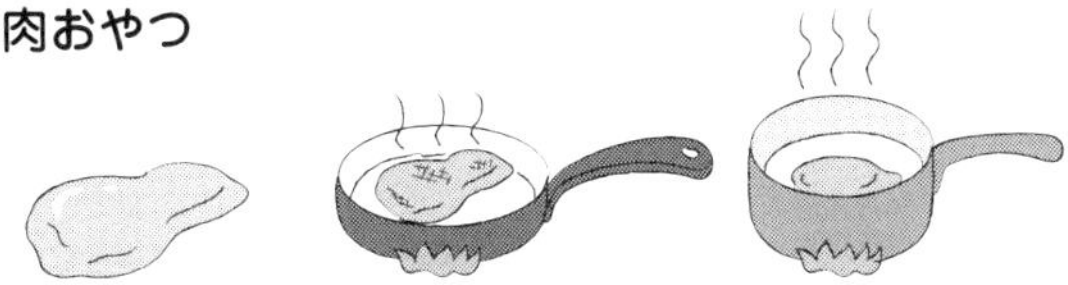

鶏の胸肉を焼く。またはボイルする。

②

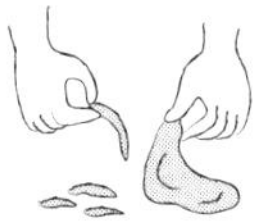

冷めたら指で肉をほぐして出来上がり！
＊冷蔵庫で２～３日保存可能。小分けにして冷凍もOK！

＊牛肉おやつ

①

牛肉の細切れを焼く。またはボイルする。

②

冷めたら出来上がり！
＊冷蔵庫で２～３日保存可能。小分けにして冷凍もOK！

2　牛肉おやつ

①牛肉の細切れを焼く。または、ボイルして火を通す
②冷めたら出来上がり。小分けにして保存しましょう！

不思議なことですが、この手作りおやつで、体調を崩すことがぐっと少なくなる子がとても多いです。ぜひ、試してみてください。
また、散歩中に、知り合いの方がジャーキーやおやつを愛犬に与えてしまう場合がありますよね。そんな時には、アレルギーがあるのでとか、胃腸が弱く吐いてしまうのでとか、獣医さんにとめられているのでと、やんわりと断れるといいですね。

Point

おやつが不調の原因の場合がある。

喜んで食べるフードを選んであげています

犬もジャンクフードがやめられない

▼時間をかけてジャンクフードをやめさせる

人の世界でも、化学調味料、うま味調味料が巨大な産業となっています。ジャガイモを薄く切って揚げたものに、塩をかけたものを山盛り食べられる人はあまりいないと思います。しかし、それに調味料がまぶされると、みんなが大好きなポテトチップスになります。うま味調味料は、人の世界では、スナック菓子、ハンバーガー、お弁当とあらゆる食品に欠かすことのできない材料となっています。

ドッグフードの世界も同じです。

犬がやめられなくなる嗜好剤、ダイジェストと呼ばれる嗜好成分がふんだんに使用されています。ドッグフードの研究は、ダイジェストの研究といわれるほど重要で、これは人の世界と同じと考えてよいでしょう。

ですから、理想の手作り食や犬の体によいドッグフードに切り替えようとすると、犬が嫌がる場合があります。それは、今までスナック菓子をメインに食べていた子供に、バランスの取れた食事を強いることと同じだからです。

栄養バランスの理想を考えてつくられたものがドッグフードですが、なかには粗悪なドッグフードもあると思います。それは人間でいえばジャンクフードです。人間がジャンクフードをやめられないように、犬もやめられないのです。

Point

正しい食事に切り替えるには時間がかかる場合がある。

愛犬を病気にさせない食事のまとめ

ここまで読んでこられて、では何をわが家の愛犬にあげたらよいか、わからなくなってしまった方もいるかもしれません。ここで大きくまとめてみましょう。

▼ドッグフードなら

ご自身の生活などから、ドッグフードをあげることを選択した場合は、選び方に注意しましょう。

・肉が多く含まれているもの。特に反芻動物（牛や鹿など）が多く含まれるフードを選ぶ。
・においを確認して、異臭や酸化臭がないか確認する。

・原産国に注意をする。

▼手作り食なら

ドッグフードではどうしてもワンちゃんの体質に合わないという方は、手作り食を選ばれるかもしれません。

その場合の手作り食（レシピは34ページ参照）での注意点です。

・肉と穀物をメインにし、野菜は入れないようにする。
・野菜のかわりに米糠を加熱した煎り糠を少し混ぜると役立つ。
・長期に与えるときには、必ずビタミンとミネラルを添加する。

現在、日本では犬の栄養バランスを考えた手作り食に添加する複合ビタミン剤や複合ミネラル剤でよいものが販売されていません。そのため、理想とはいえませんが人用の複合ビタミン剤と複合ミネラル剤を犬の体重で割って添加されるとよいでしょう。人の体重を60kg標準とみて、人の使用量を犬の体重で割って与えます。15kgの犬の場合は人の4分の1量という感じです。

▼犬種によってトッピングを

38ページでお話ししたように、犬の進化の歴史に沿ったトッピングをされることで、愛犬をより健康に保つことができます。例えば、歴史的に鳥の猟を手伝っていた犬なら鳥の肉を、水辺で漁を手伝っていた犬なら魚が役に立ちます。つまり基本は動物性タンパク質を増やす、肉や魚を与えることです。

コラム　しゅくちゃん先生が考えていること

あなたは愛犬のドッグフードを食べたことがありますか？

＊自分の家族が食べているものを知らない

子供や孫と同じぐらいに愛犬をかわいがっている方も多いと思います。

法律上は人の食べるものと、動物が食べるものは線引きされていますが、例えば10年間飼っている家族同然の愛犬が、毎日何を食べているか知らない、という状況は正常といえるでしょうか？

皆さんにはおすすめしませんが、私は、自分の愛犬に与えるドッグフードや人におすすめするドッグフードは自己責任で、一度は口にしてきました。

大切な家族が食べるものです。いい加減なものは与えられません。

しかし、一般の方は、ドッグフードを口にしてはいけません。過去にメラミンの混入（腎不全の原因となります）によって、アメリカで犬や猫が大量死した事件がありましたし、サルモネラ菌による汚染も心配です。特に、サルモネラ菌汚染による製品回収は頻

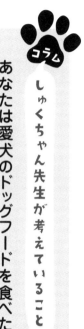

繁に起きているため、病原微生物であるサルモネラ菌汚染のドッグフードを食べることにより感染の危険があるので、間違っても口にしてはいけません。

実際、私も粗悪なドッグフードの味見をした後、体調が悪い日がしばらく続きました。

一般のご家庭では、23ページでお話ししたように、良質なにおいがするかどうかで判断されるとよいでしょう。

＊スナック菓子の製法

生き物は、消化しにくいものより、消化しやすいものを好む性質があります。

これは、エネルギー確保がよりたやすいほうを選ぶという、飢餓と生存という長い歴史の中で選択された生存戦略です。そのため、私たちは、太るのがわかっていてもカロリーの高いもの、甘いものがおいしく感じるようにできています。

そして、この消化のしやすさと生産効率を徹底的に追い求めたのが、現代の高圧高温調理による食品製造機です。これは夢の機械といわれ、消化が難しい原料でも短時間に消化できるような加工が可能となりました。

現代の食品（スナック菓子）の多くもこれで製造されています。そして、ドッグフードのほぼすべてが高圧高温調理により製造されています。適度な加工は有用です。消化しづらい牛スジなどを煮込んで食べやすくするのは、とても理にかなった加工法だと思います。しかし、消化がよいという理由で、日頃のご飯やパンをすべて「ブドウ糖」にまで分解されたものにしたらどうなるでしょうか?

炭水化物をすべてブドウ糖まで分解したものにすると、急激な血糖値上昇に伴って大量のインシュリン・ホルモンが分泌され、急激な低血糖状態が現れます。これが3食毎日続けば体には決してよくないといえるでしょう。ホルモンが効かなくなると、糖尿病です。

このように、加工法にはある一定の生体に適したレベル(適性レベル)に抑えるという配慮が同時に必要と考えられるわけです。また、新規の技術にはリスクが伴う可能性があることも忘れてはいけない予防的な視点です。

スナック菓子をつくる高圧高温調理の食品製造機は、通常の生き物が体験することのない高圧(私たちが住む10倍の気圧)、高温(160度以上)で製造されます。この時に、炭水化物は消化しやすいノリ状となります。また、タンパク質も溶解し崩れた変性タンパク質に変わります。

この製造法は、今までの進化の過程では自然界で接することのない加工法のため、犬の健康にとって将来的に問題視される可能性があります。同じ製法でつくられているスナック菓子を人の親が自分の子供にあまり食べないように注意することが多いのは、このようなことを本能的に理解しての行動なのかもしれません。

昔は発生があまりみられなかった犬の皮膚炎や原因不明の疾患は、近代ドッグフードの普及とともに急増したように思います。高圧高温調理による食品やドッグフード。この製法のフードを全量、犬の食事で使用していいものか、ということが真剣に議論される日が近いかもしれません。研究が待たれます。

2章

愛犬が病気にならない生活術

肥満の防ぎ方

▼肥満体質を防ぐダイエット法

自分の愛犬が太りすぎているか、いないか、周囲のお散歩仲間の言葉を鵜呑みにしてはいけません。

例えば、最近流行のジャック・ラッセル・テリアでいえば、大きさや、横幅にかなりの個体差があります。小さい子は2kgぐらい、大きい子は15kgになったりします。犬は、電気製品や衣服のような規格品ではなく、本当に人の子供と同じように（いえ、それよりはるかに大きな）、個性や肉体的な特徴がそれぞれの子にあります。そのため、必要な食事量やケアの方法は、目安となる基準があるのですが、各ご家庭での微調整が必要となります。

さて、食事の量は、その子にあったカスタム調整をする典型で、フード給餌量の調整はとても大切です。しかし、一般的には手間のかかる知識なので、十分に伝えられずに終わっていると思います。

子犬の頃に、フードが足りない経験をした子は、その後、大人になってもそのような経験が元となり、必要以上に食べようとします。また、初期に栄養が不足すると飢餓に対応するため代謝が低下して、のちのち太りやすくなります。肥満や太りすぎの調整が難しいのは、このようないろいろな側面の考慮が必要だからです。

いくつかダイエットの方法をお伝えします。ご自分のワンちゃんに合う方法を選んで挑戦してください。

▼食事シュパット法

例えば、夜に100gのフードを与えておられる場合、これを「シュパッ」と二つに分けていただきます。シュパッと分けるので、シュパット法です。いつも7時に家族と一緒のタイミングに食事をもらっている子であれば、そのときに100g全量を与えるのではなく、半分の50gだけ与えます。そして、人が食事を食べ終わった頃、

30分ほど経過してから、残っている半分の50gを与えます。

犬は、祖先であるオオカミの時代、そして、人との共同生活の時代も、飢えと戦ってきました。

特にヨーロッパ大陸は、海流の関係で、急激な気候変動を起こしやすい環境です。そのため、人も繰り返し飢餓を経験しています。同じ環境で暮らしていた犬はもっと過酷であったと思われます。そのため、目の前に出てきた食べ物を大量に胃袋に詰め込むのが、これらの時代を生き抜くために必要だったといえるでしょう。

食べて30分経過すると、血糖値が上昇し、満腹中枢が刺激されます。このように血糖値を上昇させた後に、残りの食事を与えるようにします。満腹中枢の刺激を利用したダイエット法です。

即効性のある方法ではありませんが、犬の飼育は、5年、10年と長期にわたるものです。このような小さな合理的な食事のコツを多く知っていればいるほど、体重を適正にコントロールしやすくなります。

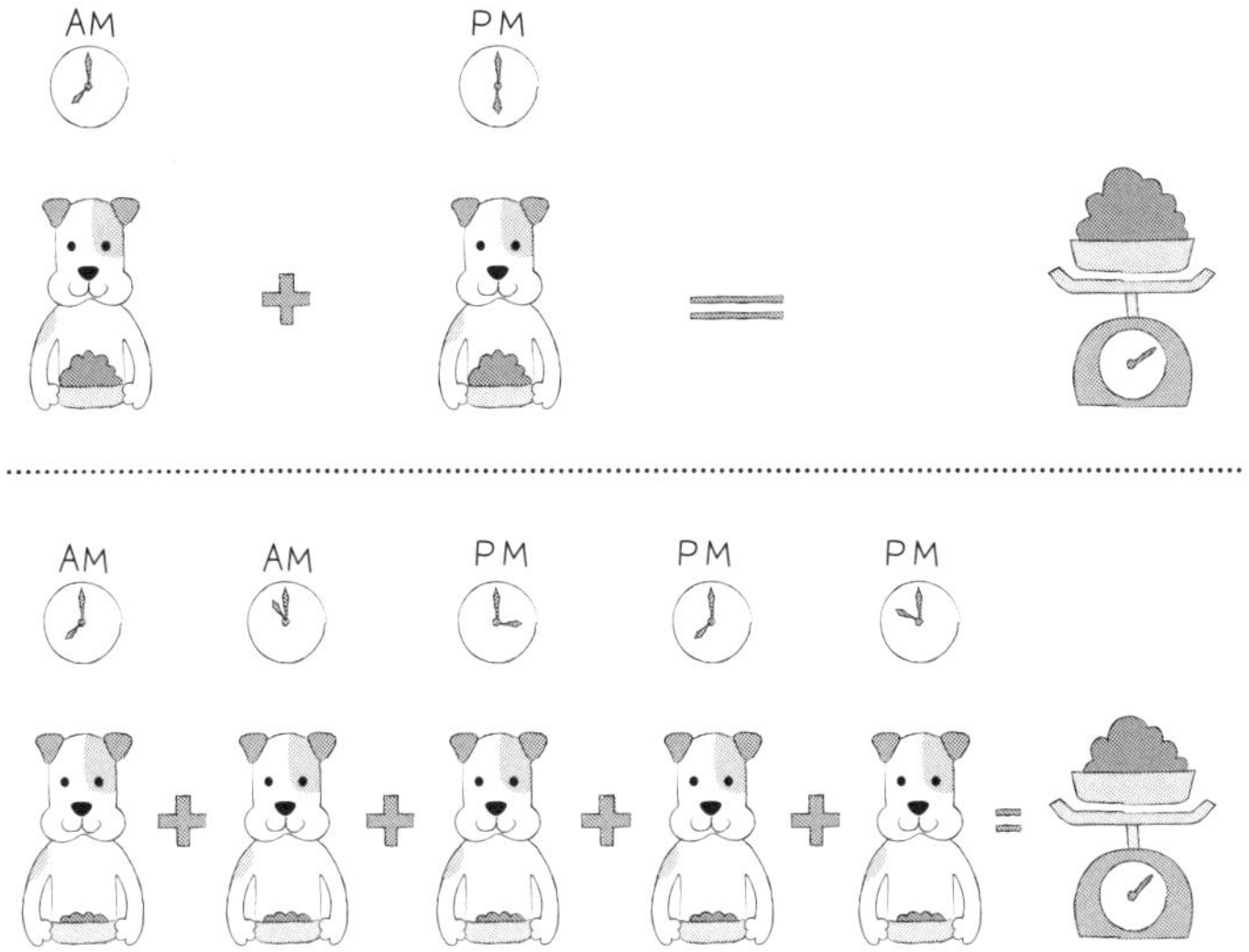

▼フリクエント・ダイエット法

フリクエント（頻繁）・ダイエット法では、フードをあげる回数を増やします。今まで一日1、2回であったなら、それを4、5回に増やすのです。そして、今まで一日に与えていた量よりも、トータルでは少なくします（例えば、一日に100g与えていたら、それを90gに。カップ1杯与えていたら、9割ぐらいというふうにします）。

朝に1回目、昼に2回目、3時頃に3回目、みんなの夕食時に4回目、寝る前に5回目という感じです。くれぐれも、今まで与えていた一日量を分けて与えた合計量が超えないように注意してください。

人は一般的に一日3食ですが、夕方ぐらいに小腹が空くと思います。ちょっと食べたいな〜と。犬は人より空腹を感じやすく、食事量の満足を感じにくい動物です。飢餓が過去の歴史で頻発していたからだと考えられます。シュパット法と組み合わせて、生活習慣としていくとよいでしょう。

例えば、家族が全員会社や学校に行ってしまう場合は、フリクエント・ダイエット法はどうすれば実行できるでしょうか？　朝起きたときに1回目、出かけるときに2回目、帰ってきたら3回目、夕食時に4回目、寝るときに5回目という変則フリクエント・ダイエット法を使用されるとよいと思います。

また、朝食時にシュパット法、帰宅したら1回与え、夕食時にシュパット法を使用することで、5回のフリクエント・ダイエット法が可能になります。

1回の量が減ることで、お腹が満たされないのではないか？　というご意見もあるかと思います。それはその通りだと思います。理想は、おいしいものをいっぱい食べて太らない方法です（笑）。そういう方法があれば素晴らしいのですが、現実としては難しいように思います。

そのため、一般的な方法は、カロリーを抑えたドッグフードか、かさ増しの繊維質などを入れてコントロールを目指します。ただ、カロリーを抑えたフードはおいしくないので嫌がる子がいますし、かさ増しの繊維質を入れてもフードなどの基本的な食事量を減らさないと摂取カロリーは同じとなります。

このような、たくさんの量を食べさせて満腹感を得させたいという方法は、なぜかうまくいかない場合が多いのです。それは、犬の胃の機能にあります。犬の胃は、オオカミと同じく、どうも大きくなる機能を持っているようなのです。ある報告によると、オオカミは一日平均で鹿などの肉を「6kg」食べると言われていますが、食べる量が多いオオカミは、「一日18kg」。その差は3倍にも及びます。

このことから考えると、犬の胃は、かさを増やせば増やしただけ、大きくなる可能性があるということです。そのため、食事の量だけではなく、血糖値や、満腹中枢の仕組みを理解した体全体の生理機能まで考慮したダイエット生活習慣を組み合わせるのがよいと思います。

▼動物性タンパク質アップ法

動物性タンパク質は脂肪になりにくく、炭水化物は脂肪になりやすい物質です。そのため、動物性タンパク質比率を高くし、炭水化物比率の低いと考えられるフード選びが役立ちます。

ドッグフードの選び方としては、ラベルの原材料表示のところで、最初に、牛肉、鹿肉、鶏肉など肉の表示が記載されているものを選ばれるとよいでしょう（20ページ参照）。

高タンパク質、低炭水化物にする方法は、人のスポーツの世界でも食べる量や代謝を落とさずに、体重だけを絞り込む必要のある種目で使用されている方法です。

▼キビキビハキハキ法

脳はエネルギー消費がとても激しい場所です。ですから、この方法がダイエット法の中核だと私は思います。他の方法ではいくら行っても効果が出ない子であっても、この方法を加えて、しっかり実践すると体が引き締まることが多いのです。

人の場合は、脳は体の重さのわずか2％しかありませんが、食べた食事の18〜25％を消費するといわれています。ほかの臓器の10倍のエネルギー消費です。

太りやすい犬の傾向として、毎日の生活に安心しきっている子は、太る傾向にあるように思います。反対に、いつも外部の状況変化に俊敏な子は、比較的太りにくい感じがします。

太っている子、肥満な子には、「キビキビ」が役立つと思います。

散歩も、「今日も行くよ〜〜〜〜〜」ではなく、「ポチ！！！　散歩！！！！　行くよ！」（手を軽快に「パンパンパン」とたたいて音を出し、シャキッとして散歩に連れて行く）。散歩の仕方も、ゆっくり、のんびり〜〜〜、ではなく、「ハキハキ」歩く。そして、いつも同じコースばかりではなく、違っ

た道をたまに歩くようにします。そうすると、犬は縄張りを意識する生き物なので、かいだことのない犬のオシッコのにおいや、土地の感覚に対して、脳がフル回転状態となります。

このような体験が週に1、2回でもいいので、いつくるかドキドキする状態にしておくと、体の締まりがぐっと増す場合が多いのです。

コツをつかむと、とても有効な方法です。不思議ですが、このような飼い主側のキビキビした態度、新しい場所へのチャレンジが愛犬に伝わり、体重のコントロールに役立つことが多いのです。

▼ダッシュ法

犬は、とても速く走ることができます。時速にして、40～60㎞くらいで走れる犬種が多いと思います。人の世界では、最高速度で走れる人でも時速38㎞。比較すると、その速さの違いがわかります。

あなたが100mを全速力で走ったことを想像してみてください。心臓がドック

ン、ドックンとして、息はハーハー、足の筋肉や、腕などはどれくらい疲れているでしょう？
そしてその影響は夜になっても疲労感、翌日には筋肉痛などとして続くはずですね。これは、100mをのんびり歩いても起きない反応です。
体の活性化において重要なことは、「スピード」と「瞬発力」です。
距離は思ったほどの意味がなく、それよりは、
①移動スピード
②瞬発力
がとても重要なポイントとなります。このようなトレーニングをすることで、愛犬の全身が刺激され変わってきます。

いつも人と同じ歩行スピードでの運動（散歩）では、少なくともダイエットが必要な愛犬には十分とはいえない運動刺激です。

人の迷惑にならない場所や時間に、公園・グラウンド・河川敷などで、思いっきり走ったり、ボールを追いかけたりする時間はダイエットに非常に役立ちます（疾患のある子や老犬は危険を伴わない範囲で行いましょう）。

日常生活の中で、ダッシュしたり、走ったりすることを習慣化できると、基礎代謝が高まり、エネルギーの燃焼効率がよくなります！

Point

犬の性質を理解して、ダイエット法を実践する。

誤飲を防ぐ方法

▼誤飲の原因は空腹です

秋が深まってくるときに、増えるのが誤飲事故です。病院に駆け込んでくる飼い主さんからは、「意地汚くて困ります」「とにかく何でも口に入れてしまいます」といった言葉が聞かれます。そして2月になると増えるのが、「チョコ好き」の犬たち。誤飲を起こす犬たちは本当に「意地汚い」「チョコ好き」の犬なのでしょうか？

犬が誤飲をする理由は「空腹」です。人間と同じように、犬も1年のうちに、食欲が変化し、必要なエネルギーも変わります。ドッグフードのパッケージには給餌

の平均量が書かれていますが、これはあくまで平均であって、季節、年齢、犬種、それぞれの犬の代謝によって、本当に必要な量は変わります。

気温が高い夏には、必要とされるエネルギーは少なくてすむのですが、気温が低くなるにつれて、もっと多くのエネルギーが必要となります。そのため、寒さが強まる秋の終わりから冬の間、11～2月にかけて、犬は夏場よりも多くのフードをほしがります。ちょうど私たちが「食欲の秋」というのと同じですね。

1年を通じて同じ量のフードでは、秋になると、犬はお腹が空いて仕方なくなります。犬にしてみれば、一日3食であったのが1食しかもらえていないような、そんな気持ちです。それが毎日続いたらどうでしょうか。とにかく胃に何か入れたい、という気持ちになってもおかしくはありません。散歩中に石や砂まで食べてしまう犬もいるのです。これはそれだけお腹が空いているということです。

また、0歳から3歳、特に0歳から1歳に誤飲が多いのも同じ理由です。犬の0歳といえば成長まっただ中。私たちも若い頃、いくら食べても食べたりなかったという時期があったのではないでしょうか。犬も同じなのです。

ボディコンディションスコア

BCS 1		痩せ過ぎ （体脂肪率 5％以下）	全身に皮下脂肪がなく筋肉はやせ細り骨と皮の形相。毛艶も悪い。真上から見ると、腹部のくびれが極端に細く、背骨がゴツゴツと突き出して見える。
BCS 2	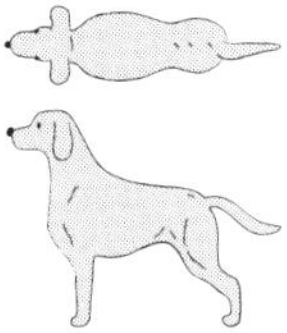	痩せている （体脂肪率 6〜14％）	多少の皮下脂肪や筋肉はあるものの、まだ全身の骨格が見える。腹部のくびれも細い。毛艶もいまひとつ。
BCS 3		標準 （体脂肪率 15〜24％）	適度な皮下脂肪に覆われているが、背骨も肋骨も容易に触れられる。筋肉もよく発達して弾力があり毛艶もよい。
BCS 4	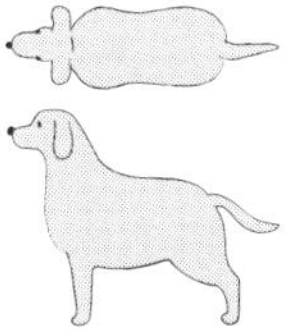	体重過剰 （体脂肪率 25〜34％）	厚い皮下脂肪に覆われ肋骨や背骨に触れるのが困難になる。わずかにくびれは認められる。腹部も締まりがなく垂れ下がる。
BCS 5	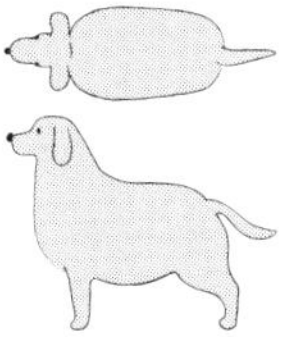	肥満 （体脂肪率 35％以上）	非常に厚い脂肪に覆われて肋骨、背骨ともに所在がわからない。腹部や首周りにもぜい肉がつき、樽のような体型になる。腰のくびれもない。

（出典）2010 AAHA Nutritional Assessment Guidelines for Dogs and Cats
体脂肪率は2014 AAHA Weight Management Guidelines for Dogs and Catsを参照

▼適切な量のフードを

誤飲を防ぐ最も簡単な方法は、犬に適切な量のフードを与えることです。犬の食事の適正量は、
①食べきるまでの時間（15～20分）
②姿と脂肪のつき方
③便がやわらかすぎないか
の三つの判断基準を考慮して決めていきます。
食べきるまでの時間は、具体的には、15～20分で食べきれる量がぴったりの量です。1～2分でがつがつと食べ終えてしまう場合は、量を増やしてあげましょう。そうすることで、たいていの誤飲事故は防ぐことができます。太りすぎの場合は、姿と脂肪の付き方の図を参考にフードをあげる量を調整してあげてください。

Point
15～20分で食べきる量までフードを増やす。

誤飲しやすい意外なもの

▼甘く感じるもので誤飲が起きやすい

誤飲事故を起こさないようにと気をつけている方は多いと思います。でも、私たちの周りの意外なもので、緊急入院、さらには死亡につながるケースが多いのです。

代表的なものとしては、「保冷剤」があります。冷凍しても軟らかいままのものがありますね。これには「エチレングリコール」という犬にとっては猛毒となる物質が使われています。

このエチレングリコールは、なめると甘いのです。そのため、遊びで保冷剤を咬んで「甘い！」と気付いたワンちゃんが、致死量まで食べてしまうという事故が起きています。昔はエンジンのラジエーターに入れる不凍液（エチレングリコール）をなめて死亡事故が起きていましたが、現在ではより身近な事故になってしまいました。風邪を引いたときや夏に使う「冷却枕」も同じ物質でできていますから、使用した後にはすぐに冷凍庫に戻してください。

この中毒の怖いところは、飼い主さんからの「保冷剤を食べた」という報告がないと診察してもまったくわからないところです。そうこうしているうちに、中毒症状が出てしまうと、かなりの確率で死亡に至ります。また、ご家庭においても、「ちょっとふらふらしているけど大丈夫かな?」と様子をみているうちに、あっという間に中毒死してしまうという怖さがあるのです。

最初の30分~12時間で、嘔吐、精神状態低下、神経症状、多飲多尿がみられ、次の12~24時間で頻脈や呼吸促進が起こります。最終的には、半日~一日以上たって、最終的に体内に産生されたシュウ酸カルシウムによって腎臓がダメージを受け、腎不全になって高率で死亡に至る怖い中毒です。


余談ですが、このエチレングリコール中毒と植物(野菜)の動物からの防御の仕組みは同じです。エチレングリコールはそれが体内で分解・代謝されたときに生じる

「シュウ酸」が深刻な腎不全や低カルシウム血症を起こすのですが、植物は、そのシュウ酸という物質をそのまま体内に蓄積していて、食べた動物が長期的に摂取した場合に病気や死に至るような仕組みを持っています。

エチレングリコールの毒性の理由をシュウ酸と知っている人は、それらを含む植物を健康のために短絡的に与えようとは考えません。小さな針の先でついたような知識でなく、生命現象全体を理解した知識が今後は必要とされていると思います。

▼意外なものが誤飲につながる

また、薬の誤飲も多くみられます。人間の薬には「糖衣錠」という周りを糖でコーティングしたものがあります。これはなめると甘いので、つい食べ物と間違えてしまうのです。人間の薬ですから、犬には代謝できない物質が含まれていることがほとんどです。とても多い事故です。

キシリトール製品も同じです。低血糖と肝臓障害を起こす危険があります。人間用のお菓子に含まれているだけでなく、犬用のものにも使われていることがあるため、誤飲だけでなくお菓子を選ぶ際にも注意が必要です。体重10kgあたり、1gの摂取で重篤な低血糖に陥る可能性がある、という指摘がされています。

竹串も誤飲が多いものの一つです。焼き鳥などの串には、食べ終わったとはいえ肉のにおいがしっかりついています。このにおいにつられてしまうのです。竹串など先のとがったものは、吐かせることが難しく、内視鏡を使って摘出ができない場合は、開腹手術に至ることもあります。こうなると、犬へのダメージも大きくなってしまいます。また、手術費用も高額となります。

殺鼠剤（ネズミ殺す薬）、殺ナメクジ剤も危険なものの一つに数えられます。

そして、見落としがちですが危険なものが、「ひも」。ひもはそのまま腸へと送り込まれ、腸を結紮《けっさつ》し、壊死させてしまうからです。靴下でも同じことが起こります。靴下やストッキング、脱ぎっぱなしにしていないでしょうか。

▼食べさせてはいけない危険なものの誤飲もまだまだ多い

知っている方は多いのですが、やはり、チョコレートやタマネギの誤飲はまだまだあります。

チョコレートは、甘くて油分が多いので、ワンちゃんの鼻には非常にいいにおいに感じられます（人間にもですが）。チョコレートには「テオブロミン」という毒性の強い物質が入っているので、食べ過ぎるとワンちゃんの命に関わります。

タマネギ類も、飼い主がご飯を食べている間に、知らぬ間にワンちゃんが食べてしまったということがよくあります。特にタマネギは、日本犬や日本犬の血が混ざったミックス犬には毒性が強いので、よくよく注意をしておきましょう。

次頁に、犬が誤飲しやすいもののリストがありますので、参考にしてください。

Point

意外なものが危険。犬の口に届くところにものを置かない習慣を。

犬の中毒危険度リスト

1	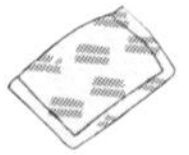	保冷剤	6		ネギ類（玉ネギ、長ネギ、ニンニク）
2		人間の薬	7		キシリトール
3		農薬	8		生の豚肉
4		観賞用ユリ、ポインセチア、シクラメン	9		ぶどう、レーズン
5		チョコレート			

犬の誤飲・誤食危険度リスト（小型犬での危険性が特に高い）

1		ひも、糸	6		おもちゃ、ボール、スーパーボール
2		布類（ストッキング、くつ下、雑巾など）	7		犬用ガム
3		串（焼き鳥、団子など）	8		ラップ、ビニール袋
4	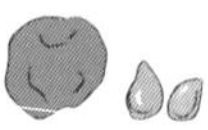	梅干と果物の種	9		プラスチック
5	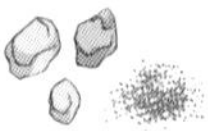	石や砂			

散歩の注意点

▼夏場の散歩は危ない

日本の真夏は、昔よりもずいぶん暑くなりました。

そして、ワンちゃんが歩くアスファルトは、私たちが感じている以上の温度になっています。気温が30度であれば、アスファルトの温度は55～60度。人間が感じる体感温度より、はるかに高いのです。

私たち人間は、暑いと汗をかくことができますが、ワンちゃんは足の裏側でしか汗をかけません。というのは、犬が放熱できる場所は、足の裏と口しかないからです。そして、散歩のとき、足の裏は地面についていて

います。そうなると、基本的に口からの呼吸による放熱しかありません。口をあけてハアハアと苦しそうに息をしているのは、そのためです。

梅雨明け後～9月中旬の2カ月の期間は、愛犬にとって最も危険な季節といえるでしょう。この頃、熱中症にかかるワンちゃんがとても多いのです。

熱中症は、その季節に一度でもなると、その年の耐性がとても低くなってしまいます。一度熱中症となり体温が41・5度以上になると、犬の全身の細胞（筋肉、内臓などすべて）が「熱壊死」しはじめます。熱により、体の中のタンパク質が変質して立体構造が崩れ、全身の細胞が死滅しだすのです。ですから、一旦熱が下がったとしても、回復したわけではありません。そのため、熱中症になった1カ月後ぐらいに亡くなってしまうワンちゃんが意外に多く、慢性的な2度目、3度目の熱中症や体調不良で亡くなる、ということが起きるのです。

ですから、一度、熱中症になったら、その夏がすぎるまで（具体的には最高気温が25度以下になるまで）エアコンをつけて室温を25度以下にし、安静にします。そうしないと命の危険があるからです。

▼「隠れ熱中症」が一番怖い

「隠れ熱中症」は夏バテと勘違いされ、見過ごされてしまうやっかいな病気です。「食欲がなく、元気もない……どうしたんだろう～？　夏バテかな？」

こういうなにげない会話はとても多いと思います。愛犬の元気がなく、食欲がないことはわりと頻繁に起こるので、いつものことのように考えがちですが、それが隠れ熱中症の場合は、話が別です。命の危険があるからです。

これは人においても同じです。人間でも、熱中症と診断され治療される人は年間に30～40万人、救急車で運ばれる人は毎年4～5万人ぐらいです。その理由は、大きな自覚症状がないまま深刻なレベルに病状が進んでしまうからです。自覚症状があまりなく、危険を感じられないまま命の危機にさらされたり後遺症が残るということ、これが怖いのです。

風邪（インフルエンザ）で体温が40度になって、放置する人はいないはずです。しかし、これが熱中症では40度の体温になっても知らずに過ごす、ということが起きています。犬よりもはるかに耐熱性に優れた人間が、自分自身のことでも見落としがちな病気が熱中症です。高温にとても弱い愛犬については、どれほど心配すればいいかご想像いただけるかと思います。そして、愛犬は、人という飼い主が高温を除去してあげなければ自分で防ぐ方法がないのです。いつの間にか深刻なレベルになってしまうという「危険を感じられない」ことが問題の核心です。
夏に愛犬が「食欲を失ったとき」、よく食べるフードに替えたり、トッピングして食欲をそそろうとする前に、「隠れ熱中症」を確認するクセをつけてください。

隠れ熱中症の確認ポイントは以下の通りです。

1　春まで食欲のあった子が夏場に食欲がなくなる（水ぐらいしか飲まない）
2　散歩が好きな子が、散歩を喜ばない、散歩に行こうとしない
3　家の中でぐったり静かにしている時間が長い
4　フローリングの上や玄関などいつもと違う場所でお腹をべったり床につけている
5　喜んで急いで駆け寄ってくることがなくなった

などが梅雨頃から秋口にかけて起きたら注意が必要です（他の疾患も考慮する必要がありますので、ご注意ください）。

吐いたり、下痢をしたり、フラフラしたり、ひどく元気がない状態がプラスされた場合は、特に注意が必要です。

▼洋犬のほうが熱中症に弱い

同じ兄弟姉妹でも、熱中症への強さ弱さは異なります。これは、パピヨンなどではっきりと分かれます。パピヨンは、ベースのパピヨンに、チワワ（南方犬）とスピッツ（北方犬）を交配してつくられました。チワワの体質を引き継いだ子は夏に強くて冬に弱く、スピッツの体質を受け継いだ子は夏に弱く冬に強いのです。そのため同じ親の兄弟姉妹でも遺伝の違いにより、暑さに強い子と弱い子が生まれます。

犬種の大半はヨーロッパにルーツを持ちます。そのため、暑さに弱い犬種が大半を占めます。イギリスの最高気温が22～23度なのと比べ、日本の最高気温は33度程度です。日本はイギリス、フランス、ドイツなどのヨーロッパより10度ほども気温が高いのです。

私の実家は、犬の飼育にはかなり慣れた家庭でしたが、熱中症の3週間後に突然死させています。これは、それまで日本犬（秋田犬）を何代も飼育していたため、洋犬（ラブラドール・レトリーバー）の熱中症のダメージの大きさを読み誤ったというのが理由です。秋田犬などの日本犬は、暑さにも強いですし、地面に穴を掘り、20度ぐらいのへこんだ冷えた土ベッドをつくり、そこで体を冷やしながら夏を過ごす知恵が身に付いていています。このような日本犬には備わった本能が洋犬にはあまりみられない感じがします。

▼愛犬のための熱中症緊急処置

危ないと感じたら、次のケアをして動物病院で治療をしてもらってください。繰り返しますが、一度、熱中症になったら、その年は最高気温が25度以下になるまで安静にします。

熱中症の緊急処置のしかた

水をかけて熱をとる

濡れタオルを体にかけて
熱をとる

エアコンをつけて部屋を冷やす

脇の下と足の内側に、
氷をタオルに巻いたもの
をあてて、血液を冷やす

▼冷房が効いた車で気分転換、バリカンで体毛を短く

夏はエアコンをつけて、25度以下で涼しく過ごすことがお勧めですが、エアコンの常時使用に抵抗のある飼い主さんは、梅雨に入ったら、愛犬の毛をバリカンで短くするサマーカットが役立ちます。そうすると、床に体温を逃がすことができますし、気温が下がる夜の間に体力の回復がはかれる場合が多いのです。
散歩ができなくて、家の中に閉じこもってストレスが溜まるなら、車で連れ出してあげましょう。ドライブ好きのワンちゃんは多く、過ぎてゆく景色を眺めるだけでも十分にストレスを解消することができます。ただ、くれぐれも車内に愛犬を放置しないようにしてください。

Point
熱中症だけでなく、隠れ熱中症に注意する。

犬を丈夫にする15分間トレーニング法

▼春になる前に走り込みをスタート

ちょっとした対策で、真夏の暑さを乗り切ることができます。それは、思いっきり走らせることです。2月頃、まだ寒い時期からできるだけ強めの運動をさせると、「ヒートショックプロテイン（Heat Shock Protein: HSP）」という、熱から体を守ってくれる特別なタンパク質が体内でつくられます。これは、細胞が暑さなどのストレスにさらされたときに、細胞を保護するタンパク質です。

熱から体を守ってくれるヒートショックプロテインは、熱によってつくられます。走って体内の温度を上げることで、このプロテインが体内でつくられるのです。

このような体の機序に関しては、人間も犬も同じです。実際、スポーツ選手の間ではよく知られていることで、冬に走り込みをする選手が多いのはそのためです。

通常、体温が41・5度以上になると細胞へのダメージがはじまります。お話ししたように、タンパク質の立体構造が崩れてしまい、それが熱中症につながります。この時に、ヒートショックプロテインがあれば、体を守ることができるのです。

▼体の熱を一気にあげるヒートショックプロテイン法

15分でいいので思い切り走るトレーニングをさせましょう。2月を過ぎてしまったとしても、暑くなる1週間ほど前から行うだけでも、ずいぶんと違いが出ます。ポイントは、家を冷やしておくこと。家に帰ったワンちゃんが、すぐに涼しい所で過ごせるように準備をしておいてください。
ヒートショックプロテインをつくるためには、体の熱を一気にあげる必要があります。そのため、ダラダラと長く走るのではなく、思い切り走ることが大切です。

Point

15分思い切り走らせることで、ヒートショックプロテインをつくる。

老犬こそ速筋を鍛える習慣を

▼速筋の消失が老化につながる

老化は後ろ足からはじまります。裏を返すと、後ろ足を鍛えることができると、老化現象を効率的にとめることができます。犬でも人でも足のよぼよぼ、とぼとぼ、機敏さの低下などが老化のシグナルです。

足の老化は筋肉量が減ることと、その中でも瞬発的に速く動く速筋の消失が顕著です。そのため、老化防止のトレーニングは、その子の持病や耐久性を考慮しながら、ボール投げやドッグランなどで、瞬発力が必要な運動をすることや全速疾走などがとても役立ちます。

人では「ロコモティブシンドローム（運動器症候群）」と呼ばれています。筋肉、骨、関節などの運動器に障害を起こした状態のことです。寝たきり状態にならないために、その改善が重要視され始めています。

愛犬の筋力と瞬発力アップは、重要な愛犬ケアということができるでしょう。その子の体調や持病などを考慮しながら有益な運動療法を行っていかれることがお勧めです。瞬発力を発揮する速筋は、ボール投げを1、2回するだけでも、鍛えられ始めます。小さな健康習慣を取り入れてゆきましょう。

ただし、心臓疾患などがある場合には、耐えうる範囲で行うことが求められます。

Point

速筋を鍛えるために、ボール投げを。

病気になりにくい犬種を選ぶということ

▼日本で飼いやすい犬種は

これまで、いかに健康を維持するか、というお話をしてきました。獣医として、病気の愛犬を最後まで見捨てずに、一緒に闘病される飼い主の姿には心をうたれます。

一方で、飼育されている犬種が病気になりやすいということをご存じであったかどうか、というところに不安が残ることがあります。

例えば、ゴールデン・レトリーバーは性格がよい素晴らしい犬ですが、大腿骨頭壊死症という遺伝的疾患があり、寝たきりになりやすい犬種なのです。また、ゴールデン・レトリーバー、パグ、ラブラドール・レトリーバーは、がんを発症する確率がとても高く、他の犬種に比べて晩年が闘病生活になってしまうことが多いばかりでなく、若い頃にがんを発症する子もいます。かわいがっていたワンちゃんがこのような病気

犬種別 なりやすい疾患

チワワ	水頭症、テンカン、低血糖症
プードル	歯周病、膝の病気
ダックスフンド	椎間板ヘルニア、胃腸疾患
ゴールデン・レトリーバー	がん、股関節形成不全
ラブラドール・レトリーバー	がん、股関節形成不全
シー・ズー	眼の疾患
ポメラニアン	気管虚脱、ホルモン性の皮膚疾患
ヨークシャー・テリア	低血糖症、胃腸障害

になり弱っていくのを見るのはつらいでしょうし、外科手術に数十万円、がん闘病に百万円単位のお金が消えていくことも、覚悟せねばなりません。

ご家族となるワンちゃんを選ばれるときは、見た目のかわいさだけではなく、病気になりやすいか、なりにくいかといった「遺伝的健康性」を含めて考えられるといいと思います。

▼洋犬ならプードル、チワワを

「どんな犬を飼うといいですか？」という質問は、私がされる質問のトップ近くにくるものですが、私の答えは

「プードル、チワワ」です。

この40年ほど、さまざまな犬種の流行り廃りがありました。その中で、この二つの犬種は、日本人に絶大な支持をされ続けています。一時的に人気が出ても、飼育しにくい犬種は、次の時に飼育されなくなるため人気が落ちていきます。飼いやすければ、続けて同じ犬種を飼われる方が多いので、人気は維持されます。人気のない犬種が悪いわけではないのですが、玄人（プロや熟練者）向けと考えてよいと思います。

▼プードルをおすすめする理由

一番は「プードル」、正確には愛玩用に改良された「トイ・プードル」です。
1　知性の高さ
2　しつけのしやすさ
3　重大な病気の少なさ
4　日本の気候への適応度の高さ

などがこの犬種の魅力です（頭がよすぎて飼いにくいという意見もありますが……）。

欠点は、後ろ足の靭帯が弱いことや、歯周病になりやすいことなどですが、他の犬種の病気に比べると重い病気が少ないです。これは、プードルが長い歴史と、広い地域で飼育されていたため、豊かな遺伝子プール（心身の強さ）を持つからです。トイ・プードルは1700年代後半に作出されたもので、シンプルな系統の犬種です。このような歴史の長さが、病気の少なさにつながっています。

また、犬独特のにおいが少ないこと、アレルギーを誘発しにくいこと、毛が抜け落ちることが少ないことから、アトピーやアレルギー、喘息を持つ家族がいらっしゃるご家庭で、犬の飼育をされたいときに、プードルが選ばれています。

トリミングが必要なことが欠点として指摘されますが、私はトリミングの必要性は長所だと認識しています。毛を切られたり、ドライヤーの間じっとしていることで、犬自身にルールを覚えること、忍耐することが身に付いてゆきます。

▼チワワをおすすめする理由

日本の夏はヨーロッパに比べて非常に暑いため、涼しい気候に適応した大型犬は、日本の高温多湿環境では飼育がとても難しいのです。そんな中、チワワは暑さに強い犬種です。暑いメキシコ原産の犬種だからです。一方、他の犬種とは異なり、寒さへの耐性が低いので、11～2月という寒い季節に、体調を崩す子が多いということを覚えておかれるといいと思います。また、39ページでお話ししたように空腹に弱いので、一日最低4回に分けた食事、理想は6回の食事が必要です。若干太めくらいの体重維持が健康につながります（太りすぎはダメですが……）。

▼あともう一種おすすめするなら、ダックスフンド

どうしても付け加えたいのは、ダックスフンドです。この犬はしつけもほとんど必要ないといってもよいぐらいの明るく穏やかな犬なので、これから犬を飼う方、以前しつけで苦労された方におすすめです。ただ、椎間板ヘルニアなどの重い病気の発症

率が高いことがあるため、病気のなりにくさを基準に選ぶ場合はその順位を落としてしまいます。しかし、このような弱点がありながら、日本で長く愛され続けトップ3に入り続けていることが、ダックスフンドの底知れない魅力を意味していると思います。
猟犬の遺伝がとても強い犬種ですので、肉の多い食事とし、多く運動をさせてください。平地をたくさん走らせるのがよいでしょう。穀物の消化力が弱いので、野菜や穀物主体のフードを与えないようにすると、健康を維持しやすいでしょう。

▼日本犬なら、柴犬

日本犬で遺伝的に安定してるのは柴犬です。日本で飼育されている日本犬のほとんどが柴犬ということからも、安心して飼える犬ということがわかります。

Point
遺伝的健康性を考えて飼う犬を選ぶ。

避妊によって子宮蓄膿症や乳がんが防げる

▼避妊で二つの重大な病気が防げる

生理が何度もくると、そのたびに女の子は子供を守る本能が強くなる傾向がありま す。生理を何度も体験した子は、やや攻撃的になったり、頑固になったりする場合があるのです。

ただ、性格のためだけに避妊をお勧めしているのではありません。避妊することで、二つの重大な病気が防げるからです。

▼女の子に多い子宮蓄膿症と乳がん

一つは、子宮蓄膿症という子宮に膿が溜まる病気です。女の子が突然、水を大量に飲みだしたらこの疾患を疑う必要があるのですが、多くの場合は気付くことができず、命を落とす子がとても多い怖い病気です。

もう一つは、乳がんです。次章でもお話ししますが、乳がんは避妊をしていない女の子に特に多い病気です。将来子供を産ませたい、という希望がない場合は、1回目の生理の後の避妊をお勧めいたします。

生理を1回体験して避妊をすると、成熟に達するので女の子らしい性格や体型となり、攻撃性が抑制されます。それが私がこのようにお伝えする理由です。

▼かかりやすい病気についても知っておこう

私がこのように、病気へのなりにくさを示唆する「遺伝的健康性」や、女の子の避妊などに対して申し上げるのには、二つ理由があります。

一つは、自分の愛犬ががんになったり、特定の疾患にかかったりしたときに、飼い主さんが自分を責めておられる姿をたくさん見てきたからです。「自分の愛情が足りなかったのではないか。何かいけないことがあったのではないか」と。一生懸命愛情を注いできた飼い主さんが、そんなふうに自分を責めておられるのは見ていてとてもつらいものです。でも、「病気になりやすい」ということを理解した上で、そのワンちゃんを家族に迎え入れたのであれば、実際に病気になったときの飼い主さんの気持ちも少し違うのではないかと思います。

もう一つは、「もう犬を飼いたくない」という気持ちになってほしくないからです。つらい闘病をされたために、その後犬を飼うこと自体をやめてしまう方にたくさんお会いしてきました。病気が「突然の事態」とならないよう、ある程度自分の愛犬がどんな病気にかかりやすいのかを知っておくことは大切なことです。

もちろん、病気へのなりやすさを理解した上で飼育されていれば、食事の工夫や運動、早めの受診などでリスクを大幅に軽減することも可能です。まずは、自分のワンちゃんがどこから来た犬種で、どんな性質があるのかを十分理解していただくことが、長く健康に暮らすための第一歩といえそうです。

Point
1回目の生理の後に避妊をすることで病気を防ぐ。

コラム
しゅくちゃん先生が考えていること

体をなでると、老化が防げる

＊触れることで愛情を伝えることができる

子供に愛情を伝える方法はいろいろありますが、言葉以上に強い愛情表現は肌と肌が触れ合うことです。赤ちゃんとお母さんは、おっぱいをあげるだけでなく、抱き上げる、お風呂に入るなどの行動を通して、愛情を通い合わせています。オオカミやライオンなどの野生動物を見ていてもそれは同じで、なめたり、寄り添ったりすることで愛情を示します。

愛犬への愛情を伝える方法も同じで、声や表情などももちろんあるのですが、体をやさしくなでてあげるのが一番優れた方法だと思います。

人の世界では、特に大人になってくると「愛」とは空想上の、または心の中の働きという目に見えないものとして理解されていることが多いと思います。しかし、動物の世界では、愛とは「触れ合い＝触れる愛」です。相手への思いやりのある触れ合いこそが、目に見え、触ることができる、現実の愛なのだと、動物から学ぶことができます。

そう考えると、愛犬があなたのそばにいようとするのも、元気に駆け寄って胸に飛び込むのも、あなたの手をなめるのも、あなたへの愛情表現であり、愛そのものだということがわかります。

子犬のときにはたくさん抱っこをされたり、なでられていたワンちゃんも、もしかするとだんだんとその回数が減っているかもしれません。しかし、なでるという肌からの愛情は、犬をとても安心させ、彼らの元気の源になるのです。老化防止に食事に気をつけるばかりでなく、毎日やさしく体をなでてあげる。そんな単純なことが、犬の生命力をアップし老化防止につながるのです。

老犬となり目や耳が機能しなくなっても、なでることを通じて十分に飼い主の愛情を愛犬に伝えることができます。仮に寝たきりになってしまっても、この方法を知っていれば、十分に気持ちを伝えることができるのです。

＊犬には自分の寿命がわかる

ただどれだけ愛情深く触れ合い、お互いに幸せに暮らしてきたとしても、いつかはお別れのときが必ずやってきます。

今まで私がたくさんの動物をみてきたなかで確信を持って言えるのが、いくつかの動物は自分の寿命がわかる、ということです。そして、犬は特にその傾向が強いと思います。

しかも犬は自分の寿命がわかるだけでなく、ある程度自らの死をコントロールすることすらも可能なようにみえます。

それは、重病のワンちゃんが飼い主の帰りを待って旅立ってゆくことの多さを考えると、そう感じざるを得ません。実際に飼い主の腕の中で旅立つワンちゃんはたくさんいます。

また、家族に迷惑をかけることがわかると、突然死するケースもあります。「引っ越しで大型犬を飼えなくなる。どうしよう」といった話を家族でしていると、その犬が突然死んでしまったり、事故にあったりするのです。

これらは科学で証明されることはないかもしれませんが、飼い主の方々の体験談を聞くにつれ、そう思わずにはいられません。

3 章

医者いらず、薬いらずで病気は治る

慢性症状は自宅で治す

▼皮膚病、外耳炎は、室内の温度、湿度調整で治す

現代は、人も、犬も、アレルギーや難病の時代です。慢性疾患で、自分も愛犬もいつも病院通い、という方も多いかもしれません。ただ、困った症状を薬の力で抑えつけているだけで、一向に改善が見られない方も多いことでしょう。

犬の通院で多いのが、皮膚病、外耳炎、心臓病、がん、胃腸障害（嘔吐、下痢など）、結石、ホルモン疾患です。特に、皮膚病、外耳炎のワンちゃんは非常に多いので、自宅でどのようにケアをしたらよいのかをみてみましょう。

皮膚炎、外耳炎の原因が食事にあると疑われる場合には、34ページの「テスト用手作り食」と59ページの「手作りおやつ」をまずは試してみてください。

そして、皮膚炎、外耳炎のもう一つの原因に、温度と湿度があげられます。熱中症

の項でも詳しくお伝えしたように、ヨーロッパから来た犬にとって、高温多湿の日本の夏は、非常に厳しい環境です。そのため、皮膚炎、外耳炎ともに6〜8月にかけて、悪化する子が急増します。

皮膚炎、外耳炎のワンちゃんがいるご家庭では、この季節の室内環境を温度25度以下、湿度60％以下で維持することをお勧めします。特に状態がひどい場合には、温度24度以下、湿度45％以下にすると、ずいぶんと症状をコントロールしやすくなるはずです。

このようなケアをしていただくだけで、動物病院に治療へ行かれる回数がぐっと減ると思います。もちろん、エアコンでドライや冷房を使用すると費用がかかってしまいますが、動物病院の治療費よりは安いのではないでしょうか。それ以上に愛犬に痛い思いや怖い思いをさせる回数が少なくてすみます。

また、家でシャンプーをするときに頭を振るのをとめないことも大事です。犬が頭を振るのは、耳の中に水が入るのを防ぐためです。実際に、シャンプーで耳に水が溜まり、外耳炎になってしまう子がたくさんいます。一度かかってしまうと、とても治りにくい病気です。犬の保険請求でもトップレベルにきています。

皮膚炎、外耳炎の対処方法

・原因が食事にないかどうか、手作り食でテスト（10日間）。
・原因がおやつにないかどうか、手作りおやつでテスト（2〜3週間）。
・原因が温度と湿度にないかどうか、温度25度以下、湿度60％以下で維持。
・状態がひどい場合は、温度24度以下、湿度45％以下で調節。
・シャンプー時に頭を振るのをとめない。

Point
温度を25度以下、湿度は60％以下に調節する。

薬が愛犬の病気を生んでいる

▼残念ながら多い薬のミス

人には、どうしても物理的な限界があります。獣医師も同じです。獣医師の限界とは具体的には、「動物の種類と診療科目の多さ」のことです。

皆さんご存じのように、人間の医療には内科、外科、消化器科、産婦人科、小児科など診療科目を具体的にあげていくと、60以上の科があり、各々専門の先生がいます。

ところが動物病院ではよく診察するものだけでも、①犬、②猫、③ハムスター、④小鳥、⑤フェレット、⑥ウサギ、⑦トカゲ、⑧野鳥などがあります。これだけで60種の診療科目×8動物種となると480種類の専門科が必要なことがわかるでしょう。

さらにもう少し絞り込んで、犬だけをみても、公認血統種だけで300種、非公認とあわせると800種以上の遺伝や形質の異なる犬種をみることになります。それに猫で約50種、ハムスターで約25種……ともなるともう天文学的な知識と経験が必要になってきます。

獣医の先生方が一人でこういう現実をカバーしようと努力されている姿を知ると、よい治療と獣医師の負担を軽減するためにも、専門科への移行が必要な時期に至りつつあるように感じます。

このような理由から、それぞれの個体と病気にあった薬がうまく選べないということが生じています。また、そもそも薬の勉強をする「薬理学」という科目は人気がない、という現実があります（私自身は薬理学研究室の出身ですが）。内科の治療を支える最も重要な科なのに残念なことです。

これは日本だけのことではありません。世界で最も難しい獣医学科を卒業しているアメリカの獣医師でも対応できていない、というケースに何度も出合っています。かなり熟練した獣医師でも、薬の勉強不足を起こしているのです。

薬理学的にみて、最も注意すべき問題が、ステロイド剤とNSAIDsというアスピリン（非ステロイド）系の抗炎症剤の併用です。この併用は命に関わるのですが、汎用されるお薬なので、遭遇する危険度も高いのです。獣医でもなかなか知らないことですが、せっかくこの本を手にとってくださったからには、ぜひ覚えておいてほしいことの一つです。ステロイド剤とNSAIDsの処方があった場合は、どちらか一方のみを使用する選択を考えていただくとよいでしょう。

▼選ぶならステロイド

薬の知識はとても複雑です。ステロイド薬もNSAIDs薬も何種類もあり、投与量で副作用なども大きく変わってきます。ですが、ステロイド薬のほうが犬にとっては副作用が少ないことが多いので、両方出されている場合は、ステロイド剤のみを使用されるといいでしょう。

NSAIDs系のお薬は、猫にも毒性が強く、副作用が出やすいアセトアミノフェンやアスピリンなどが含まれています。犬と猫はもともと同じミアキスという祖先から分かれて進化していますので、猫に副作用が強く出るNSAIDs系は犬にも予想もしないところで副作用が出ることがあります。薬を飲ませて吐き気がとまらないときなどは獣医さんに相談されるといいでしょう（元の疾患がひどくなったり、予想していない別の疾患である場合もあります。単に薬の副作用でない場合も多いですので、心配なときは獣医さんに相談してください）。

Point
薬が2種類以上なら、ステロイド剤とNSAIDsが併用されていないか確認する。

予防できるがん、完治が難しいがん

▼取りきれるがん、完治が難しいがんがある

乳がんなら早い時期の手術で治癒する子も多いのですが、他の臓器に転移を起こしたがんだと、治癒はとても難しくなります。また、治療が成功しても、完治（完全に病気が治ること）と寛解《かんかい》（症状が一時的に軽くなったり消えたりすること）は異なります。

たとえば、リンパ腫での寛解率はとても高いのですが（抗がん剤の多剤併用で80～90％）、2年後まで生きている子は20～30％ぐらいです。手術や抗がん剤治療のゴールがどちらにあるのかを、まずは獣医さんに確かめておくとよいでしょう。

犬に多いがんの種類

・皮膚がん（肥満細胞腫、扁平上皮がん、腺がん、肛門周囲腺腫など）
・乳がん（乳腺腫瘍）
・悪性リンパ腫
・腹腔内がん（胃がん、肝臓がん、腎臓がん、膀胱がんなど）
・口腔がん（悪性黒色腫など）

がんは発生する場所の名前と、顕微鏡で見たときの細胞の種類で分ける方法があるので、分かりにくいですね。

▼予防できるがんもある

また、予防できるがんもあります。実は犬の女の子のがんで圧倒的に多いのが乳がんです。乳がんは、ワンちゃんの2回目の生理がくるまでに避妊をすることで、発症率をかなり低く抑えることができると考えられています（112ページ参照）。

実はここにも進化の名残があります。群れで生活をしていた犬の祖先であるオオカミは、群れの中で子供が生まれると、子供を産んでいなくてもおっぱいが出るようになるのです。そして群れの子供に授乳をするようになります。

犬の体も同じようにできており、大人になる前に避妊をしていないと、常に乳腺が女性ホルモンの刺激を受けてしまうのです。女性ホルモンの刺激が続くと、それががん化を促すことがわかっています。

ですから、その子を将来不幸にしないためには、子犬のうちの早めの決断が必要になってきます。

▼ステージ、転移で治療法を変える

寿命が人間の6分の1ほどの犬のがんは、6倍速く進行します。ですから、すでに中期の中盤〜後期のがんの場合は、正直あまり手術はお勧めできません。

また、がんが転移をしたら、次々と手術を続けるよりも、残りの時間をいかに愛情深く過ごすことができるかに力を入れたほうがよい場合もあります。1回手術してうまくいかなかったときにも、同じことがいえます。

勧められたときに納得しないまま手術を受けるのではなく、まずは獣医師の話をよく聞き、たくさん質問をしてください。そして、その場で判断するのではなく、一度家に帰って、ゆっくりと考えることも大切です。

回復の見込みがあるのかないのか、手術の際の愛犬の苦しみは大きいのか小さいのか、同じ病気の子が治った例はあるのか、先生が犬を飼われているとして、もしうちの子と同じ病気になったら同じ治療をされるか、などを聞き、話し合って決めるのがよいのではないでしょうか。

▼触ってがんを見つける

犬は皮膚の表面にしこりのできやすい動物です。日頃からのチェックが早期発見につながります。

皮膚表面にしこりができたときに、硬い場合合やごつごつしている場合は悪性の可能性が、軟らかい場合は、良性の場合が多いので、それを参考に獣医さんにみてもらうとよいでしょう。

また、女の子のお腹を触って、クリクリとしたしこりをチェックすることは乳がんの早期発見につながります。避妊をしていない子は特に注意をしてあげてください。

Point
どんながんなのか、ステージはどのくらいなのか、話を聞き質問する。

がんになったら「寿命を延ばす」より「苦痛の軽減」を

▼いかに苦痛を減らせるかに焦点を

がんの手術を考えるとき、飼い主の皆さんが気にされるのは、主に寿命です。少しでも寿命が延びるのであれば、手術してあげたい、という気持ちはとてもよくわかります。

しかし、私はどちらかというと、ワンちゃん自身の苦痛に目をむけるのがよいのではないかと感じています。ワンちゃんにとって一番大切なのは、残りの時間を家族と楽しく幸せに過ごせるかどうか、ということです。そのため、大きな苦痛を感じている場合は、それを取り除くことが大切だと考えます。

下腹部のがんは、苦痛を伴うことが多いため、たとえ寿命が延びなくても手術をするのがよいでしょう。下腹部のがんで引き起こされる「腸管閉塞」といわれる症状は、腸の中で食べ物が詰まり、消化液などが溜まってしまう状態ですが、こうなると嘔吐し続けるなど、とても苦しい状態が続きます。

大腸がんになると、多くの場合便が出なくなってしまいます。これは手術で改善することができます。

逆に胃がんは食事をとることができないので、このような大きな苦痛を伴うことはありません。

▼老犬、末期がんの手術には注意が必要

犬はもともと麻酔のコントロールがとても難しい動物です。たとえ、手術がうまくいっても、麻酔から覚めない、手術数日後に亡くなるといった例は後を絶ちません。特に、老犬や進行したがん

の場合、麻酔がダメージになることが多いのです。
犬種により違いはありますが、痛みへの耐性は強いと思います。和犬などは、人間の5倍くらい痛みに対する耐性があります。一方、食事に対する欲求は強く、食べられなくなることは大きな精神的ダメージとなります。もし、余命が決まっているのなら、お肉など、好きなものを思い切り食べさせてあげることが気力の回復、つまり犬の幸せにつながるように思います。

Point

苦痛を取り除き、愛犬との時間を大切に。

手術、抗がん剤は犬の平均寿命から考える

▼手術中に亡くなるリスクが高いことも知っておく

手術には当然リスクがあります。お話ししたように、手術が成功したのに麻酔から覚めない……というケースがあります。これは特に解毒能力が落ちている老犬や、血液に細菌が流れ込んで敗血症になっている場合、極度に衰弱しているときに起きやすいことです。

獣医師は常に最善を尽くしていると思いますが、それで救える場合と、そうでない場合がある、ということは残念ながらあります。重い疾患の場合、特に老犬の場合は、心を決めて手術を依頼することが必要です。

▼あなたの犬は本当は何歳？

「老犬」といっても、飼い主さんと獣医師側で意識がずれていることがあります。特に寿命に関しては、飼い主さんのほうが、長く見積もられる傾向があります。愛情をかければ、16〜20年生き続けると信じていらっしゃる飼い主さんがとても多いのです。実際には現在の平均寿命は13年。昔は6年前後でした。

犬の年齢を人の年齢にする換算表で間違っているものがとても多い、というのも誤解を生む原因です。「15年生きている犬は人の年齢で75歳」と書いてあったりして驚かされます。実際には、

人の平均寿命（80〜87歳）÷犬の平均寿命（13歳ぐらい）＝約6歳

ぐらいで、犬は早く年をとり寿命が短いことがわかります。

初期は早く成熟するのですが、全体をならして考えると、犬の1年は人の6年に当たります。ですから、15年生きた犬ですと年齢は90歳ほどとなります。手術をする際

には、本当は何歳に当たるのか、ということを思い返してみられるとよいと思います。

寿命が人間の6分の1ほどですから、犬のがんは人間の6倍速く大きくなります。治癒も悪化も6倍の速さで進みます。そのため、がんの手術が終わったら、半年ぐらいでまた再発ということが多々あります。

それは犬の年月を人間のそれに換算すると3年に当たる意味のある長さです。ただ、飼い主にとっては、正直、半年は短いと思います。そういったことも含めた決断が必要となってきます。

人の年齢に換算すると（年6・2歳で計算）	犬の年齢
43歳	7歳
50歳	8歳
56歳	9歳
62歳	10歳
68歳	11歳
74歳	12歳
81歳	13歳
87歳	14歳
93歳	15歳
99歳	16歳
105歳	17歳

▼手術は生きる気力を奪う

また別の側面でいうと、手術で犬の気力がなくなってしまうことがあげられます。抗がん剤も同じです。仮にこういった治療で数カ月長生きしたとしても、ぐったりとしてしまう、寝たきりになってしまうことがあるのです。
家族とお散歩を楽しんだり、「お母さん、ご飯おいしいよ！」といったりする時間がなくなることを考えると、「最期まで家族と有意義な時間を過ごす」「寝たきりにさせない」ことを目標にすることも、一つの正解といえるでしょう。

Point
愛犬が何歳に当たるかを考え、手術するかどうかを決める。

よい獣医さんの選び方教えます

▼人により、よい悪いの基準が違う

私は各地で講演をさせていただくのですが、そんなとき、「よい獣医さんを教えてくださいませんか」と聞かれることがあります。これはなかなか難しい質問です。というのは、「獣医師によって、目指している方向性がまったく違う」だけでなく、飼い主さん側も「よい先生」と判断される基準が驚くほど違うからです。検査をしっかりとしてほしい方もいれば、ナチュラルな療法を好まれる方もいます。最新機器による高度医療を求められる方もいれば、できるだけ最低限の治療にとどめる先生を求めている方もいます。ですから、病院が目指している方向と、飼い主さんが求めている方向が合っていることを、最初に確認することが大切です。

病院に行く前にある程度の感触をつかむためには、ホームページをチェックするのがお勧めです。というのは、ホームページでは、その病院が一番伝えたいことがわかりやすく提示されているからです。動物の写真ばかりのホームページ、医療機器の写真ばかりのホームページなど、さまざまです。

おおざっぱではありますが、先生のタイプを次の五つにまとめてみました。もちろんこの項目を複数兼ねている先生方もおられます。参考にしてください。

1　動物大好きな獣医師

ホームページに、自分が飼育している動物が載っていたり、一緒に写真に写ったりしています。病院の看板動物（犬、猫、鳥など）が紹介されていることもあります。毎日、動物を診療し、なおかつ自宅や病院でも動物を飼育されている先生は、当然動物好き。そのため、良心的な治療をされるやさしい先生が多い傾向があります。

2　保護ドクターとしての獣医師

プロフィールや院長紹介などを見ると、野生動物救護獣医師協会会員、CAPP活動、「犬・猫の殺処分をとめる」などと書かれています。このタイプの先生や動物病院は、弱い立場に置かれた動物や、人間と動物の関係を向上させる方向で働かれています。動物の社会的な立場や地位をよくしようとされている先生方です。

3　専門的高度医療を目指す獣医師

自分の目指す分野の研修やトレーニングを受けているため、プロフィール、院長紹介のページで、そのような記載がなされています。また、専門分野で多い病気の診断基準、治療法、症例、機器類を載せられている場合が多いです。循環器（心臓）とか、整形外科とか、専門の高度医療を目指す先生や動物病院です。

4　検診・総合重視型の獣医師

このタイプの獣医師や動物病院は、困った病気をシステマティックに（体系的に、もれなく）検査することで、幅広い原因究明と治療を行うということを重視されています。ホームページを見ても、多くの検査機器類が紹介され、詳細な検査が可能なことがわかるようになっています。

5　代替補完医療を目指す獣医師

このタイプの獣医師、動物病院は、一般的な獣医治療以外の診療を行います。鍼灸、アロマテラピー、漢方、ハーブ、アーユルヴェーダなどです。個性的で、ユニークな先生も多いです。また、代替医療には200種類以上の分野がありますので、その先生の得意分野の確認が重要です。一般の動物診療と代替診療の配分（バランス）が、その病院ごとにかなり違います。単に、漢方を補足的に出すところから、ほぼ代替療法のみというところまであります。これは、ホームページで一般治療と、代替医療の画面の割き方を見ることで、おおよそのことが推測できるでしょう。

このほかにも、昔ながらの「地域のかかりつけ医（ホームドクター）」であったり、「格安のアニマル・クリニック」などさまざまです。まずはホームページでどんな病院かをチェックしてから、受診されるといいでしょう。

▼できるだけ飼育経験のある獣医にかかろう

獣医師もいろいろなタイプの先生がいます。その中で私が重視しているのは、書物からの学問よりも「実践」です。

私は中学時代から文鳥を飼い始め、今までに数百羽ほど鳥の世話をしています。高校生のときに野鳥の保護を始めたのですが、治療に必要な知識を得るために、お小遣いの中から権威ある獣医師の先生方の本を購入し、一生懸命勉強しました。しかし、書かれている通りにやってみると、鳥たちが次々と死んでしまうのです。結局15羽ほど亡くしてしまいました。

そんなときに出合ったのが、江戸時代に職業として文鳥を育てていた職人の本でした。その本には当時の常識から考えると驚くような飼育法が書かれていたのですが、その本に則って育て始めると、鳥たちが元気を取り戻していったのです。単に病気が治るというだけでなく、鳥たちの生命力が増していったのには驚かされました。

それから、私自身も「病気を治す」ことだけではなく、「強く生き抜ける健康」を目指して、動物たちの飼育をするようになりました。野生生物は特に、過酷な環境で生き延びるために、生き抜く力が必要だからです。

また、今日、年をとったワンちゃんたちにもこのことは当てはまると思います。残りの時間を、寝たきりにならずに生き生きと過ごすことができるかどうか。病気を治すことと同じくらい、もしかするとそれ以上に大切なことではないでしょうか。

▼大切な家族をまかせるなら

ですから、大切な家族である愛犬をまかせるのであれば、犬を飼っている、もしくは飼ったことのある先生のほうが安心できます。いろいろな種類を複数飼ったことのある先生かどうかなど、話をしながら聞いてみるとよいでしょう。

また、先に申し上げたように、ホームページを見てみるのも一つの方法です。根っから動物好きな先生は、自分でも何らかの動物を飼育されているものです。ホームページをのぞいてみると、自分が飼育しているペットを載せていたりします。そのようなことも、信頼できる先生かどうか判断できる材料になると思います。

犬やそれ以外の動物を含め30匹以上飼った経験がある先生が理想と思います。動物の飼育が25匹あたりを超えると、なんだか不思議に動物の非言語的感覚が身に付きやすいように思うからです。

Point
動物をたくさん飼育をしたことがある獣医にかかろう。

栄養は治療より大切

▼栄養学は2ページしかなかった

獣医学部では社会を支えるための広範な知識や技能の修得、そして、多種多様な動物の治療の勉強が求められます。そのような中で、「栄養」という分野は、どういうわけか置き去りにされています。

私が獣医学部にいた頃の教科書では、栄養学に該当する箇所は、教科書にほんの2ページしかありませんでした。つまり、獣医といえども、動物の栄養に関して特に詳しいというわけではないのです。栄養学や生態学は学生が独学で学ぶものでした。

▼栄養の欠損は体に表れる

そんな中、私自身は栄養学の道を選びました。栄養が動物にとって一番大切だと、今までの飼育経験を通じて実感していたからです。栄養は治療の先にくると思います。

私自身が前述のカテゴリーのどこにあたるかというと、「専門的高度医療を目指す獣医師」に近いです。

栄養科はアメリカの獣医大学でも60ほどしかない、かなり専門的な科です。そのため自身で直接犬たちを診察していたときには、何院も転院したペットの予約で半年待ちの状態でした。あまりにも忙しくて体を壊したため、今は地域の食事専門の訪問医療と、自分自身も倒れることなくより多くの愛犬に栄養療法で改善いただけるよう、ドッグフードや栄養補完食などの研究をしています。

栄養の欠損やアンバランスは多くの場合、外見や症状からもみて取ることができます。

例えば眼球をみることで神経系の疲労度を、瞳孔の散大の程度によってアドレナリン分泌を判定します。毛をみればタンパク質が足りているかなど、栄養状態を把握することができます。また、鼻の粘膜の状態から腸管のコンディションがわかりますし、脚の筋肉をみれば老化がわかります。

▼鳥から犬を学ぶ

私が特に研究しているのが小鳥です。「犬の話をずっとしてきたのになぜ小鳥?」と思われるかもしれませんが、実は小鳥は生き残った恐竜の子孫で、動物の中でも繊細かつ進化の最も先端にいる生物なのです。小鳥について知ることで、難しい栄養のことがよりわかるようになります。

例えば、犬であれば急激に具合が悪くなっても、最悪の事態になるまで1日、2日はあるのですが、小鳥だとたいてい2時間ほどで死んでしまいます。そのため、短い時間でその子の今の状態にぴったりの栄養をバシッと投与しないと、小鳥たちを救うことはできません。

また、小鳥は自分の体で栄養をつくらなくなった生物です（特にフィンチ類の小鳥。家禽類は除きます）。進化の方向をみると、より高度な生物は、自身で栄養をつくることをやめて、外部から栄養を摂取する戦略をとっています。人間が体内でビタミンなどの栄養をつくることをしないのも同じ理由です。余計な機能はそぎ落とすのが進化の形なのです。例えば、微生物群はミネラルとエネルギー以外のほとんどを体内でつくることができます。酵母などはその代表で、自分の体の中で必要なもののほとんどすべてをつくり出すことができます。

進化の先をゆく生きた恐竜である小鳥を学ぶことは、人間も含めて、犬や他の生物について大きな学びをもたらしてくれます。

犬のことだけを考えていても、正解はわかりません。必ず犬以外の動物の知識から検証する必要があります。

私の場合は、「現代の犬」を、進化の過程の「オオカミ」「反芻動物」「猫」「馬」「鳥」などの他の生物の立場から見ています。それに加えて「進化生物学」「生理学」「生理化学」「内科学」「外科学」「解剖学」「薬理学」などの視点から、正しさが一貫性を持って説明できるかを検証しています。

Point
栄養は治療に先んじる。

獣医師は犬のことはあまり勉強していない

▼習うのは、まず馬、そして牛・豚

紀元前2000年ごろに動物の疾患を書き記した古文書（パピルス）が発見されていますので、獣医学の始まりはそれ以前からと推測されます。

ローマ時代、軍事力の決め手となったのは、軍馬でした。いかに強い馬をつくり、繁殖させるか、けがをしたときに速やかに治癒させることができるかが、国家の繁栄や存亡に関わったのです。

また、同じく重視されたのが、家畜、特に牛です。時代はぐっと現代に近づきますが、西部開拓時代のアメリカでは、「牛＝財産」でした。牛たちを守れるかどうかが、家族が新しい土地で生きていけるかどうかの分かれ目でした。牛泥棒からだけでなく、病気から牛を守り、繁殖させることは、財産を守り、増やすことでもあったので

す。そのため、獣医の役割は大きなものでした。アメリカで獣医師の社会的地位が高いのは、そのような背景があるからです。

このような大きな流れは、日本においても同じです。獣医学の始まりは、明治以降、富国強兵につながる軍馬の育成にさかのぼります。実際、「陸軍獣医部」という軍の組織が、日本の獣医学部の先駆けとなっています。

また、日本人が一般的に牛肉を食べるようになったのは明治以降ですが、その頃から家畜としての牛を守ることが獣医師の役割の一つとなってきました。

▼獣医師の仕事は社会を陰で守ること

獣医学科は確かに動物の病気を治す基礎知識を学ぶ場所ですが、本質はそうではありません。社会を陰から守ることが仕事です。浄水、国内の防疫、家畜の感染症予防、人畜共通伝染病の防御、海外からの防疫、人などの製薬に必要な研究実験など……。その領域は、とても広く、具体的な家畜やペットの治療というのは、その中の一部にすぎません。

犬や猫など動物好きな学生が、獣医学部に入ってがっかりするのはこの部分です。学部でまず習うのが「馬」そして次に「牛」。「軍馬と家畜」という大きな流れが今も続いているわけです。最近はカリキュラムも変わってきているようですが、犬、猫などの臨床教育に費やす時間は驚くほど少ないのです。


そもそも、犬が病院にかかるようになったのは、ここ40年くらいのこと。ですから、それまで多くの獣医師は、馬や牛の技法を犬にも転用していました。みなさんの中にも、小さい頃飼っていた犬を病院に連れて行ったことがない、という方は多いと思います。

コンパニオンアニマル（ペットを家族とすること）としての研究が盛んになったのは、せいぜいここ30年くらいのことです。獣医学部のカリキュラムも少しずつ増えてはいますが、大枠は変わっていないため、今でも馬、牛の勉強が多く教えられているようです。

▼獣医さんより飼い主さんのほうが自分の犬に詳しい

前にお話ししたように、犬の種類は800以上あり、それぞれに歴史と遺伝的特性を持っています。種が違えば、まったく違う生物のように、体も性質も違います。獣医さんは、この800種類の犬種すべてに詳しい、と考えるほうが無理があると思います。
それよりも、今まで一緒に暮らしてきた飼い主さんのほうが愛犬については詳しいことも多いと思うのです。ですから、獣医さんの治療や処方には、どんどん質問し、少しでも違和感を感じたら、セカンドオピニオンを求めるのがいいと思います。

Point

あなたの愛犬の〝専門家〟はあなた自身。

最期のときの迎え方

▼犬は死よりも愛の欠如を恐れる

病気を治すことに飼い主が一生懸命になりすぎて、闘病の間、愛犬への愛情を置き去りにしてしまうことがあります。ワンちゃんにとって、飼い主の愛情が生きる意味の大きな部分を占めることを考えると、病気となった際の残された時間は、お互いにとって意味のある時間としてゆくのが理想ではないかと思います。

愛犬にとってなにより大切なのは、あなたがやさしくなでてくれる、そんな時間なのです。

闘病しつつも、その子への温かいふれあいを最優先として過ごしてください。

▼寝たきりになったときに

残念ながら寝たきりになってしまったときには、その子が食べたがるものを迷わずあげましょう。1章でもお伝えしたように、ドッグフードより、肉、場合によっては生肉がいいでしょう。私たちでも、ストレスが溜まっているとき、大好きなもの、例えばスイーツなどを食べると、元気になったりしますよね。ワンちゃんも同じです。食べたがるものをぜひ食べさせてあげてください（生肉は注意して与えてください。54ページ参照）。

▼安楽死より、やさしくなでてあげよう

寝たきりになるくらいなら、安楽死がいい、という考え方の飼い主さんもおられます。私個人としては、ケアが家族の負担にならないのであれば、犬にどんなに苦痛が

あっても、できるだけ安楽死はさせないほうがいいと思っています。犬は例え目が見えなかったとしても、声をかけてなでてあげれば十分愛情を感じられる生き物です。大好きな家族である飼い主がそばにいてくれれば、痛みすらある程度コントロールされるものです。

このことは、人間にも当てはまり、医学の世界でも広く知られています。例えば、一人で出産するときの痛みと、周囲に母親や姉妹、おばさんなどがいて、出産を手伝ってくれるときの痛みでは、後者の痛みは3分の1くらいに軽減されるといいます。さらに難産、流産といったリスクも減るといわれています。家族が見守ってくれているということ自体が、痛みをコントロールすることにつながるのです。

ですから、寝たきりになったワンちゃんには、たくさん声をかけ、たくさんなでてあげてください。そうすることで、痛みを和らげ、残された時間を幸せなものにすることができるのです。

Point

残された時間をできるだけ一緒に過ごす。

コラム

しゅくちゃん先生が考えていること

犬が本当に望んでいることは

＊残された時間を大切に

愛犬が7歳を過ぎれば、病気の多発期に入り、亡くなることも増えてきます。10歳を過ぎた愛犬の多くが病気と闘いながら、大好きなお母さん、お父さんと一日でも一緒に長く暮らせるよう頑張ります。ここで、愛犬家であればあるほど、犯しやすい過ちのようなものがあります。それは「闘《とう》病《びょう》入《にゅう》魂《こん》症《しょう》候《こう》群《ぐん》」です。あなたの愛犬が、

・がん（悪性腫瘍）
・心臓病（僧帽弁閉鎖不全症）
・免疫介在性溶血性貧血
・腎不全（腎炎）
・下半身マヒ

・悪性リンパ腫
・寝たきり介護（認知症）
・原因のよくわらない難病
などの治癒が難しい病気になったと考えてください。

そのとき、愛情ある飼い主さんであればあるほど、どんなことをしてでもなんとかして愛犬の病気を治すために全力を尽くそうと決意される方が多いと思います。そして、毎日が愛犬の病気を治すための「闘い」となります。

しかし、あなたの愛犬はその「闘い」を望んでいるでしょうか？　私が観察する限りでは、多くの犬が、自分の寿命を把握しています。だいたいいつまで生きられるか……いつお別れか……。

大好きな飼い主との残された時間が刻々と過ぎてゆく中、愛犬は残された時間を、「少しでも大好きな飼い主の笑顔を見たい！」と願っています。悲しそうな顔ではなく、今までどおり、「かわいいね！」「いい子だね」となでてもらえる時間を過ごしたいと願っているのです。

＊余命が短い愛犬にできること

最後に、これは獣医師としてではなく、私の個人的な思いです。科学では証明できないことですが、たくさんのワンちゃんに接してきて、感じていることです。

愛犬は、飼い主が思っている以上に、あなたのことを思っています。自分がいなくなった後、大好きなお父さん、お母さんは大丈夫だろうか、と心配しているように思うのです。犬の嗅覚は、とても敏感ですから、飼い主が悲しみに暮れている感情をにおいから正確につかめるのです。

群れで過ごしたオオカミを祖先とする犬は、人と同じ「社会動物」です。自分の子供でなくても、乳を出し、毛づくろいし、子供を育てます。危機が迫れば、幼い子供を口にくわえて安全な場所に移動もします。仲間が病気をすれば回復するまで介護もします。自分のためだけでなく、自分以外の存在のために、問題を予測し、気をつかうのが犬という生き物です。

そんな愛犬たちは、自分がいなくなった後の残された飼い主をどうすればいいのかを真剣に考えています。寿命が迫った愛犬の、飼い主を心配そうに見つめる姿は、何か物言いたげで、さみしそうでもあります。皆さんは、愛犬が、自分の病気や体の苦痛のことより、飼い主の将来、つまりあなたのことを心配しているけなげな姿や瞳を想像できるでしょうか？

よく飼い主さんから、老犬を前にして、「この子にとって、今、一番してあげられることはなんでしょうか？」という相談を受けます。その時に私は、「新しい子犬を飼育すること」をお勧めしています。

これには驚かれることが多いのですが、犬の願いは、「自分がこの世から去った後も、飼い主が悲しまずに幸せに過ごせること」だからです。そのための最も安心な方法とは、自分の想いを引き継いでくれる新しい子犬が、飼い主さんを支えてくれることだと思います。飼い主の幸せを次の子に託す。できれば、自分が生きている間に、その方法を子犬に教えることができればと望むことでしょう。

愛犬の余命が幾ばくもないとき、家で長年蓄えてきた飼い主を助ける知恵と愛情を、次の命に受け継がせてあげることは、愛犬にとって最高のプレゼントになる、私はそう感じています。充実感と、なによりも飼い主の幸せを約束できるような環境は、愛犬の老後に柔らかで暖かい春の陽ざしとなるのではないでしょうか。

そして不思議なことなのですが、新しい子犬の存在によって、瀕死の愛犬が元気を取り戻すという現象が、実際によく起こるのです。

たぶん、犬にとって一番大切なのは、飼い主のあなたとの笑顔あふれる時間です。闘病はその次です。もし、愛犬が重い病気になったら、一緒に過ごす時間をたっぷりとってください。そうすることが、あなたのワンちゃんの残りの日々の元気につながっていくと思います。そして愛犬は飼い主の幸せを願いながら、幸福な生涯を終えられることでしょう。

おわりに

4万年ほど前のある日。少年が集落から離れて草原を歩いていると、傷ついたオオカミの赤ん坊を見つけました。母親は事故にあったのかいなくなってしまったようです。そのままにしておくことができず、小さなオオカミを腕に抱いて、少年は集落に戻ります。

少年は、肉などの食べ物を分け与え、大切にそのオオカミを育てます。オオカミは少年を慕いなつくようになり、二人はいつでも一緒に過ごすようになりました。少年が成長し、本格的に狩りをするようになった頃、オオカミは少年の狩りを手伝うようになりました。少年が仕留めた動物を追い詰めるのは、いつもオオカミの仕事でした。少年はいつも、誰よりも、たくさんの獲物を持って集落に戻るようになりました。

オオカミは、集落に敵が近づくと、吠えて少年に知らせるようになりました。オオカミのおかげで、人々は、野生動物の襲来から、身を守ることができるようになりました。

それから、人々は、不幸な身よりのないオオカミの赤ちゃんを見つけては飼うようになりました。狩りの成果と安全を確保したおかげで、集落はどんどん大きくなっていきました。思えばこの発展の始まりは、人が「小さく消えそうな生き物を見殺しにできない」という「愛情」だったのです。


人類は、実は何度も滅亡しかけています。実際、今まで16～27種類の人類が生まれたと考古学では考えられていますが、残ったのは私たちホモサピエンスだけです。その私たちの祖先は、数百万年もの長い間、絶滅の危機にありました。その中でも、7万年前には2000人という数まで激減し、絶滅寸前まで追い詰められました。

人が、現在の大きな発展に至る「きっかけ」には、さまざまな説があります。二足歩行（400万年前）、道具の使用（260万年前）、火の使用（170～20万年前）、コミュニケーションの成立（25万年前）、ホモサピエンスの遺伝子誕生（40～25万年前）などです。

人類は、7万年前に2000人まで数を減らした後、1万3000万年前には、200万人までその数を一気に増やしています。この間に、「何か劇的なことが人類に起こり滅亡から救った」と考えるのが自然です。ところが、先ほどの説のどの年代をみても（かっこの中の数字をご覧ください）、人類復活の時期に該当するものはないのです。

実はこの時期にぴたりと当てはまるのが、「犬との共生」です。先の物語にあるように、その頃は犬の祖先のオオカミとなりますが、彼らと一緒に暮らし始めたのは、4万年ほど前。人類が劇的にその数を増やした時期とぴたりと重なります。

私たち祖先は、犬と共に暮らすことで、犬と共に狩りをし、集落の安全をゆだね、狩りから牧畜に移行したときには、それら飼育している動物を犬が守ってきたのでしょう。犬がいなければ、私たち人類は絶滅していた、私はそう考えています。

そして、犬との暮らしを選ぶきっかけとなったのは、見捨てられた動物の赤ちゃんを放っておけないという、人間の「やさしい心」「愛情」だったのです。現代でも、小さな子供たちは捨てられた子犬を拾ってきますし、殺処分をなくそうと必死で活動されている人たちもいます。

人間は残酷だ、というのは簡単ですが、絶滅を回避できたのは、このように他者、他種にまで及ぶ、人の深い愛情だったと思わずにはいられません。私は、人間の最大の武器は、「愛情」だと思っています。

そして今でもたくさんの飼い主さんがあふれる愛情をワンちゃんに注いでいます。愛犬が生きてきた歴史を知り、その性質を知ることで、あなたの愛情は愛犬が望む形で届くようになるはずです。

本書がそのきっかけになれたら、獣医師として、一人の愛犬家として、これほどうれしいことはありません。愛犬家の方々は犬と人への愛情であふれています。その愛が人類を救ってきたのだと思います。みなさまの愛とやさしさが、この書籍を通じて、より愛犬の幸せに役立つことを願いつつペンを置きたいと思います。この知識をあなたのご家族や知人の方々にも是非お伝えいただければうれしいです。

□ 1 **体型をチェック**⬇上から見たときに、肋骨の後ろに腰のくびれが見える。なおかつ腹部がへこんでいる（85ページ参照）。
□ 2 **肋骨で体脂肪をチェック**⬇肋骨が体脂肪の下に「感じられる」くらいがベスト。
（肋骨が浮き出ていると痩せすぎ、触ってもまったく感じられないのは太りすぎ）
□ ★3 **目に輝きがあるか**⬇免疫系が弱ると、目の輝きが失われる。
□ 4 **鼻の色素は抜けていないか**⬇黒い鼻の子の鼻が白くなったりしたら、内臓系が弱っている。
□ 5 **鼻のすぐ上まで毛があるか**⬇代謝が弱まったり免疫系が乱れると、鼻の上の方の毛がなくなってくる。
□ 6 **背骨のカーブ**⬇S字カーブならOK。C字は弱っているサイン。
□ 7 **毛づや**⬇反射して輝いているか。
老化、免疫系が弱くなると色素が抜け光沢がなくなってくる。
□ ★8 **寝ている時間**⬇以前と比べて寝てばかりいないか。

愛犬ヘルスチェック☑13のポイント

□★9 散歩⬇散歩に行きたがるか。歩く(走る)速度は低下していないか。
□10 吐くことはないか⬇日本犬などオオカミの血が濃い犬の嘔吐は危険のサイン。
□11 呼吸⬇肩でハアハア息をする、いきなり活動がぴたっととまる、暑くないのに舌を出す、これらは心臓疾患のサイン。
□12 震え⬇怖がる対象がないのに、震えているのは、病気のサイン。おやつを食べた後に震えていないかチェック。
□★13 キビキビしているか⬇どんよりは病気のサイン。

ワンちゃんは、飼い主の皆さんが、家を出るとき、家に帰ってきたときは、精一杯元気な姿を見せます。そのため、その印象が強く飼い主側に残ってしまう場合があります。週末など一日を通してみたときに、ワンちゃんが普通に過ごしている姿をチェックするようにしてください。特に★マークについては、一日に元気でない状態がどのくらい長くあるかを確認のポイントとしてください。

謝辞

この書籍は、日ごろからペットの殺処分ゼロや子供のいじめ自殺をなくす活動をされている心優しいＷＡＶＥ出版・玉越直人社長の目にとまり出版が決まりました。玉越社長との出会いがなければ、この本は出版されることはありませんでした。そして、皆さまと書籍を通してお会いすることもありませんでした。心よりお礼申し上げます。また、それを支えてくださった編集部の佐藤葉子様に感謝申し上げます。

何もない段階から犬の進化生物学と進化医学というやや難解な学問に興味を持ち出版を奨めていただき、そして、最後まで書籍の執筆にご協力くださったＨ＆Ｓ・岩谷洋昌社長、黒坂真由子様に深く感謝申し上げます。この本は、だれ一人欠けても世に出ることはありませんでした。この書籍が愛犬の幸せと愛情ある生活に少しでも役立てばと願っています。

そして最後に、今まで私と共に過ごしてくれた動物たち、「ありがとう！」

【著者紹介】

宿南章（しゅくなみ・あきら）

1969年生まれ。日本大学農獣医学部（現生物資源科学部）獣医学科卒業。

横浜で犬猫の動物病院に勤務後、米国のCAM（Complementary and Alternative Medicine）を日本に導入した研究所に所属。

抗生物質も効かない牛の病気を治癒させるなど、多くの治療実績を持つ。

現在は、進化医学に特化したドッグフードの研究・開発を軸とし、食事療法・栄養療法による犬の健康指導を行っている。

動物の治療だけでなく、「強く育てる」プロフェッショナルでもある。

アシナガバチを巣ごと箱に入れて家で飼っていたこともあり、今までに飼育した動物は2000匹以上。

「しゅくちゃん先生」の愛称で親しまれている、自称「動物オタク」の獣医師。

The Royal Society for the Protection of Birds 会員
日本盲導犬協会会員、野生動物救護獣医師協会正会員

薬いらずで愛犬の病気は治る
間違いだらけのワンちゃんの健康常識

2015年5月3日　初版第1刷発行

著者　宿南　章
発行者　玉越直人
発行所　WAVE出版
〒102-0074 東京都千代田区九段南4-7-15
Tel 03-3261-3713　FAX 03-3261-3823
振替 00100-7-366376
E-mail: info@wave-publishers.co.jp
http://www.wave-publishers.co.jp

印刷所・製本　中央精版印刷

NDC645 166p 19cm
ISBN978-4-87290-748-3